绿色建筑发展研究报告

住房和城乡建设部科技与产业化发展中心　组织编写
梁　浩　主　编
李宏军　副主编

中国建筑工业出版社

图书在版编目（CIP）数据

绿色建筑发展研究报告/住房和城乡建设部科技与
产业化发展中心组织编写；梁浩主编；李宏军副主编
.—北京：中国建筑工业出版社，2023.11
ISBN 978-7-112-29346-9

Ⅰ.①绿…　Ⅱ.①住…②梁…③李…　Ⅲ.①生态建
筑–研究报告–中国　Ⅳ.①TU-023

中国国家版本馆CIP数据核字（2023）第222289号

责任编辑：田立平
责任校对：赵　颖
校对整理：孙　莹

绿色建筑发展研究报告

住房和城乡建设部科技与产业化发展中心　组织编写
梁浩　主编
李宏军　副主编
*
中国建筑工业出版社出版、发行（北京海淀三里河路9号）
各地新华书店、建筑书店经销
北京蓝色目标企划有限公司制版
临西县阅读时光印刷有限公司印刷
*
开本：787毫米×1092毫米　1/16　印张：16　字数：336千字
2023年12月第一版　　2023年12月第一次印刷
定价：**168.00**元
ISBN 978-7-112-29346-9
（41979）

编委会

主　　编　梁　浩

副 主 编　李宏军

主要参编　（以姓氏笔画为序）

王　军　王晓峰　王海山　冯仲俐　司鹏飞　权　悦　朱皓宇　全先国

刘冰韵　刘斯若　孙　澄　杨华秋　杨高飞　杨润芳　吴润华　张　川

张伯仑　张紫祎　张群力　陈　娜　苟少清　范征宇　岳文姣　胡青莲

宫　玮　顾　斌　徐　军　徐之松　酒　淼　职建民　黄　吉　黄献明

龚维科　熊文文　熊樱子　颜成华　潘　嵩　霍子文

主编单位　住房和城乡建设部科技与产业化发展中心

参编单位　亚太建设科技信息研究院有限公司

　　　　　　清华大学建筑设计研究院有限公司

　　　　　　华东建筑集团股份有限公司

　　　　　　广州市城市规划勘测设计研究院

　　　　　　万科集团雄安绿色研究发展中心

　　　　　　哈尔滨工业大学

　　　　　　四川大学

　　　　　　北京建筑大学

　　　　　　北京工业大学

　　　　　　西安建筑科技大学

　　　　　　北京清华同衡规划设计研究院有限公司

　　　　　　同济大学建筑设计研究院

　　　　　　同济大学

　　　　　　中国建筑东北设计研究院有限公司

　　　　　　中国建筑西北设计研究院有限公司

　　　　　　中国建筑西南设计研究院有限公司

中建三局绿色产业投资有限公司

华屹建筑科技集团

深圳筑博设计股份有限公司

江苏绿和环境科技有限公司

上海东方延华节能技术服务股份有限公司

绿智汇

英宝工程技术顾问（上海）有限公司

常州市武进绿色建筑产业集聚示范区管委会

北京兆泰集团股份有限公司

北京旭曜建筑科技有限公司

上海开艺设计集团有限公司

北京中建协认证中心有限公司

江苏东浦管桩有限公司

前　言

随着经济增长和生活方式现代化，我国城镇化加速发展（2022年末常住人口城镇化率已达65.22%），随之也带来资源短缺、能耗加剧、污染加重等系列问题。为缓解相关问题，我国从20世纪80年代开始关注建筑节能问题，20世纪90年代开始关注绿色建筑问题，21世纪初开始推动绿色建筑标准制定、试点示范、评价标识等工作。随着2013年国务院发布《绿色建筑行动方案》，并在国家推进新型城镇化、生态文明建设等党和国家重要精神指引下，我国绿色建筑已从点上的示范推广转变为目前的全面发展，成为了建筑行业实现绿色转型发展的重要标志。2020年9月第七十五届联合国大会一般性辩论上，习近平主席向全世界郑重宣布中国"二氧化碳排放力争于2030年前达到峰值，努力争取2060年前实现碳中和"。为此，党中央国务院出台工作意见，编制2030年前碳达峰行动方案，各有关部门制定分领域分行业实施方案和支撑保障政策，各省（区、市）也都制定本地区碳达峰实施方案，逐步构建碳达峰碳中和"1+N"政策体系。住房和城乡建设部2021年推动中办国办印发的《关于推动城乡建设绿色发展的意见》，2022年印发的《"十四五"住房和城乡建设科技发展规划》《"十四五"建筑节能与绿色建筑发展规划》，并联合国家发改委印发《城乡建设领域碳达峰实施方案》，明确以绿色低碳发展为引领，加快城乡建设方式绿色低碳转型，不断满足人民群众对美好生活的需要。近十几年的实践表明，发展绿色建筑、推动低碳建设是贯彻落实党的十九大、二十大会议精神，"创新、协调、绿色、开发、共享"五大发展理念以及"适用、经济、绿色、美观"建筑方针的具体实践，已成为转变城乡建设模式、改善人民群众生活生产条件、贯彻习近平生态文明思想、落实党中央国务院碳减排决策部署、践行新发展理念的重要手段和关键举措。

诚然，我国近年来的绿色建筑发展成就已得到国内外认可，目前已进入规模化推广和品质提升阶段，不过发展中仍然存在使用者体验性不足、碳减排效果不明确、运营水平待提升、重新建轻既改等问题，需要进一步总结经验、集思广益、着力突破，推动可持续发展。

为进一步集中总结和展示绿色建筑发展成效与经验，促进公众加深对绿色建筑的认识和理解，推动绿色建筑更好地服务大众，自2019年起，住房和城乡建设部科技与产业化发展中心就开始组织包括管理人员、专家学者、技术人员和工程实施人员在内的行业多家单位，编撰并最终形成了这本《绿色建筑发展研究报告》。报告从政策制度、标准规范、科技创新、行业推动、项目案例等不同角度对我们国家和地方绿色建筑发展情况、经验和教训进行梳理，多方位、多层次总结和展示近年来我国绿色建筑发展成效与经验，分析发展问题并研讨解决建议，并结合新发展态势对绿色建筑相关技术及市场进行前瞻研究，分析提出双碳目标下行业发展前景及建议，以期为绿色建筑进一步的规模化和高质量发展提供参考借鉴。本书各章的主要完成者分别为：第1章梁浩、李宏军、黄献明、张群力、潘嵩、王军、张伯仑、王晓峰、刘冰韵、范征宇、孙澄、陈娜、霍子文、吴润华、顾斌、宫玮；第2章酒淼、张伯仑、孙澄、胡青莲、陈娜、刘冰韵、霍子文、冯仲俐、刘斯若、职建民、司鹏飞、王晓峰、苟少清、徐之松、徐军、李宏军、岳文姣、杨润芳、熊樱子；第3章李宏军、杨高飞、陈娜、黄献明、刘冰韵、职建民、冯仲俐、苟少清、徐之松、徐军、胡青莲、黄吉、岳文姣、龚维科；第4章张川、周革、李天阳、朱皓宇、权悦、侯晓娜、陈珏、苟少清、赵奇侠、庄稼、刘敏、曾志豐、韩超、张紫祎；第5章梁浩、熊文文、岳文姣、李宏军。全书由李宏军、岳文姣统稿，梁浩审查并修改。

本书主要面向住房和城乡建设行政管理人员、专家学者、技术人员、工程实施人员以及社会公众等读者群体，可望促进公众加深对绿色建筑的认识和理解，引导各地区各相关主体更加有效地借鉴已有经验，推进绿色建筑实施落地。绿色建筑的发展离不开社会各界的关注和研讨，本书内容中如有疏漏和不妥之处，恳请各位读者批评指正，共同推动绿色建筑高质量发展。

本书编委会
2023 年 11 月

目　录

第1章 引 言

20 世纪 60 年代，美籍意大利建筑师保罗·索勒瑞首次将生态与建筑合称为"生态建筑"，这是绿色建筑概念的萌芽。20 世纪 80 年代，世界自然保护联盟等组织提出"可持续发展"理念，一些发达国家开始探索建筑可持续发展的道路。1992 年，联合国环境与发展大会上第一次明确提出"绿色建筑"概念。

为了使绿色建筑的概念具有切实的可操作性，先行国家从 1990 年开始相继建立各自的绿色建筑评价体系。其中，英国的 BREEAM（1990 年开始）和美国的 LEED（1998年开始）开发较早，影响也较为广泛；源于加拿大的 GBTool 不断拓展，适用于世界不同国家和地区；德国的 DGNB 自 2008 年才开始建立应用，但其体系包含较为完善的全生命周期评价指标和经济性评价指标；日本的 CASBEE 虽建立较晚（2003 年），却是亚洲国家开发的首个绿色建筑评价体系，且其采用了更为科学合理的建筑环境效率（环境质量 Q / 环境负荷 L）评价体系，对我国借鉴意义较大；新加坡的 Green Mark 由新加坡建设局于 2005 年起开始实施，作为政府主导推动绿色建筑发展的代表，与我国有着较多的交流和相互借鉴。

在国际绿色建筑发展背景下，我国绿色建筑发展步伐虽有所滞后，但增速迅猛。20世纪 90 年代，绿色建筑概念开始引入我国，在政府管理部门和学术技术界推动下，绿色建筑理念、技术、标准等逐步明确。我国于 2006 年发布第一部国家标准《绿色建筑评价标准》GB/T 50378，并于 2008 年正式启动绿色建筑评价标识工作，以此为主要抓手开展了绿色建筑推动工作。此后随着一系列国家政策的出台（表 1-1），尤其是党的十八大以来，《绿色建筑行动方案》发布，我国绿色建筑得以提速发展。2013年《绿色建筑行动方案》以及各地绿色建筑行动实施方案、2014 年《国家新型城镇化规划（2014—2020 年）》，逐步明确了绿色建筑的发展战略与目标要求，并确定了"强制"与"激励"相结合的推进路径，对政府投资项目、保障性住房、大型公共建筑直至所有新建建筑强制要求执行绿色建筑标准，并通过出台财政奖励、贷款利率优惠、税费返还、容积率奖励等激励政策以及绿色金融保险等措施手段，激发绿色建筑开发建设和购买使用的积极性。中央城市工作会议、党的十九大、二十大报告进一步明确绿色战略导向。2020 年《绿色建筑创建行动方案》，2021 年中共中央办公厅、国务院办公厅《关于推动城乡建设绿色发展的意见》，2022 年《"十四五"建筑节能与绿色建筑发展规划》《城乡建设领域碳达峰实施方案》，也逐步落实绿色建筑创建行动要求。

国家与各部委绿色建筑相关主要政策文件列表 表 1-1

序号	发文单位	文号	文件名称	发布日期
党中央和国务院发布的相关文件				
1	国务院办公厅	国办发〔2013〕1 号	国务院办公厅关于转发发展改革委 住房城乡建设部《绿色建筑行动方案》的通知	2013-01-01
2	中共中央 国务院	—	国家新型城镇化规划（2014—2020 年）	2014-03-16
3	中共中央办公厅、国务院办公厅	—	中共中央办公厅 国务院办公厅印发《关于推动城乡建设绿色发展的意见》	2021-10-21
各部委发布的相关文件				
4	建设部	建科〔2007〕206 号	建设部关于印发《绿色建筑评价标识管理办法（试行）》的通知	2007-08-21
5	住房和城乡建设部	建科〔2009〕109 号	住房和城乡建设部关于推进一二星绿色建筑评价标识工作的通知	2009-06-18
6	住房和城乡建设部	建科函〔2009〕215 号	住房和城乡建设部关于公布住房和城乡建设部绿色建筑评价标识专家委员会第一批成员名单的通知	2009-09-11
7	财政部 住房和城乡建设部	财建〔2012〕167 号	财政部 住房和城乡建设部关于加快推动我国绿色建筑发展的实施意见	2012-04-27
8	科技部	国科发计〔2012〕692 号	科技部关于发布《"十二五"绿色建筑科技发展专项规划》的通知	2012-05-24
9	住房和城乡建设部办公厅	建办科〔2012〕47 号	住房和城乡建设部办公厅关于加强绿色建筑评价标识管理和备案工作的通知	2012-12-27
10	住房和城乡建设部	建科〔2013〕53 号	住房和城乡建设部关于印发《"十二五"绿色建筑和绿色生态城区发展规划》的通知	2013-04-03
11	住房和城乡建设部	建办〔2013〕185 号	住房和城乡建设部关于保障性住房实施绿色建筑行动的通知	2013-12-16
12	住房和城乡建设部办公厅等	建办科〔2014〕39 号	住房城乡建设部办公厅 国家发展改革委办公厅 国家机关事务管理局办公室关于在政府投资公益性建筑及大型公共建筑建设中全面推进绿色建筑行动的通知	2014-10-15

续表

序号	发文单位	文号	文件名称	发布日期
13	住房和城乡建设部办公厅	建办科〔2015〕53号	住房城乡建设部办公厅关于绿色建筑评价标识管理有关工作的通知	2015-10-21
14	住房和城乡建设部建筑节能与科技司	建科〔2017〕53号	住房城乡建设部关于印发建筑节能与绿色建筑发展"十三五"规划的通知	2017-03-01
15	住房和城乡建设部建筑节能与科技司	建科〔2017〕238号	住房城乡建设部关于进一步规范绿色建筑评价管理工作的通知	2017-12-04
16	国家发展和改革委员会	发改环资〔2019〕1696号	国家发展改革委关于印发《绿色生活创建行动总体方案》的通知	2019-10-29
17	住房和城乡建设部等	建标〔2020〕65号	住房和城乡建设部等部门关于印发绿色建筑创建行动方案的通知	2020-07-15
18	住房和城乡建设部等	建城〔2020〕68号	住房和城乡建设部等部门关于印发绿色社区创建行动方案的通知	2020-7-22
19	住房和城乡建设部	建标规〔2021〕1号	住房和城乡建设部关于印发绿色建筑标识管理办法的通知	2021-01-08
20	住房和城乡建设部	建标〔2022〕24号	住房和城乡建设部关于印发"十四五"建筑节能与绿色建筑发展规划的通知	2022-03-01
21	住房和城乡建设部、国家发展和改革委员会	建标〔2022〕53号	住房和城乡建设部 国家发展改革委关于印发城乡建设领域碳达峰实施方案的通知	2022-06-30

各省（自治区、直辖市）近年也发布了很多绿色建筑相关政策文件，部分地区还通过制定法规和规章的方式推动绿色建筑立法（表1-2），明确行政主管部门的监管要求以及各类市场主体的工作责任，比如江苏、浙江、宁夏、河北、辽宁、内蒙古、广东、福建、湖南、安徽、河南、山西、海南等13个省（区）制定颁布了《绿色建筑条例》《绿色建筑发展条例》等法规；广西、陕西、贵州等地结合当地《民用建筑节能条例》的制、修订增加了绿色建筑推动和监管要求；江西、青海、天津、山东、上海先后通过颁布政府令或省长令的方式发布了绿色建筑相关促进和管理的规章。各地相关政策文件中一般涉及多项推进性的措施做法，将相关做法按约束政策、激励政策和市场化政策三类进行梳理，统计各类做法的总项数，得到其占比分别为59.5%、27.5%和13.1%（表1-3），可见各地仍以约束政策为主要推动方式，而市场化政策还有待进一步探索开拓。

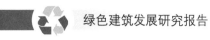

各地绿色建筑相关立法政策汇总　　　　　　　　　　　　　　　表 1-2

序号	类别	地区	法规名称	制/修订	制/修订时间	实施时间
1	绿色建筑条例	江苏	江苏省绿色建筑发展条例	制定	2015.3.27	2015.7.1
2		浙江	浙江省绿色建筑条例	制定	2015.12.4	2016.5.1
3		宁夏	宁夏回族自治区绿色建筑发展条例	制定	2018.7.31	2018.9.1
4		河北	河北省促进绿色建筑发展条例	制定	2018.11.24	2019.1.1
5		辽宁	辽宁省绿色建筑条例	制定	2018.11.28	2019.2.1
6		内蒙古	内蒙古自治区民用建筑节能和绿色建筑发展条例	制定	2019.5.31	2019.9.1
7		广东	广东省绿色建筑条例	制定	2020.11.27	2021.1.1
8		福建	福建省绿色建筑条例	制定	2021.7.29	2022.1.1
9		湖南	湖南省绿色建筑发展条例	制定	2021.7.30	2021.10.1
10		安徽	安徽省绿色建筑发展条例	制定	2021.9.29	2022.1.1
11		河南	河南省绿色建筑条例	制定	2021.12.28	2022.3.1
12		山西	山西省绿色建筑发展条例	制定	2022.9.28	2022.12.1
13		海南	海南省绿色建筑发展条例	制定	2022.9.29	2023.1.1
14	建筑节能条例	广西	广西壮族自治区民用建筑节能条例	制定	2016.9.29	2017.1.1
15		陕西	陕西省民用建筑节能条例	修订	2016.11.24	2017.3.1
16		贵州	贵州省民用建筑节能条例	修正	2018.11.29	2015.10.1
17	政府令	江西	江西省民用建筑节能和推进绿色建筑发展办法	制定	2015.12.16	2016.1.16
18		青海	青海省促进绿色建筑发展办法	制定	2017.1.9	2017.4.1
19		天津	天津市绿色建筑管理规定	制定	2018.3.1	2018.5.1
20		山东	山东省绿色建筑促进办法	制定	2019.1.22	2019.3.1
21		上海	上海市绿色建筑管理办法	制定	2021.9.13	2021.12.1

表1-3

各地绿色建筑政策做法情况统计表

	北京	天津	河北	山西	内蒙古	黑龙江	吉林	辽宁	上海	江苏	浙江	山东	江西	安徽	福建	湖北	湖南	河南	广东	广西	海南	四川	贵州	云南	重庆	西藏	新疆	陕西	甘肃	宁夏	青海	小计	占比
约束政策（建设程序管控、强制实施、标识、规模化发展、质量提升、其他）	26	12	9	11	18	8	9	11	10	5	6	12	19	8	8	11	7	7	21	7	11	9	2	2	5	0	3	4	3	3	6	273	59.5%
激励政策（财政奖补、税费返还、贷款优惠、容积率奖励、绿色通道、评级加分、其他）	15	12	4	7	10	1	3	2	1	0	6	1	2	3	6	2	10	3	17	3	2	4	0	0	0	0	4	0	1	1	1	126	27.5%
市场化政策（绿色金融保险、主体监督、放管服、产业链引导、其他）	10	2	1	2	4	1	3	3	4	0	2	2	1	1	1	2	5	3	3	3	3	2	0	0	0	0	0	0	0	0	1	60	13.11%
省/自治区/直辖市	北京	天津	河北	山西	内蒙古	黑龙江	吉林	辽宁	上海	江苏	浙江	山东	江西	安徽	福建	湖北	湖南	河南	广东	广西	海南	四川	贵州	云南	重庆	西藏	新疆	陕西	甘肃	宁夏	青海		
地区	华北地区					东北地区			华东地区							华中地区			华南地区			西南地区					西北地区						
平均每省占比	6.2%					3.0%			3.1%							3.9%			5.1%			1.1%					1.2%						

十余年来，通过政府部门不断完善政策制度，加之行业各界人士不遗余力的推动，我国绿色建筑发展迅速，标准体系逐步成型，技术体系持续创新，行业推动逐渐加强，产业配套渐趋协调，项目数量逐年增加，规模效应和效益初步显现。

在标准体系方面，2006年国家标准《绿色建筑评价标准》GB/T 50378颁布，此后10余年间完成了"三版两修"，2019年修订版更加注重提升人民群众获得感、幸福感和安全感，创新重构了"安全耐久、健康舒适、生活便利、资源节约、环境宜居"五大指标体系，目前该标准正在结合有关强制性工程建设规范和国家双碳目标要求开展局部修订。另外，一大批涉及绿色建筑设计、施工、运行维护等全过程标准，专题针对绿色工业、办公、医院、商店、饭店、博览、既有建筑绿色改造、校园、生态城区等评价标准，以及绿色超高层、保障性住房、数据中心、养老建筑等技术细则也相继颁布，共同构成了绿色建筑标准体系（表1-4）。此外，各地也纷纷出台地方绿色建筑评价及设计、施工、验收等相关标准（表1-5），并且，随着国家标准化改革工作的深化，一些绿色建筑相关的团体标准、企业标准也不断涌现，丰富了绿色建筑标准体系（表1-6）。绿色建筑标准体系正向全生命周期、不同建筑类型、不同地域特点、由单体向区域等不同维度充实和完善。

绿色建筑相关国家标准与行业标准（部分）   表 1-4

序号	标准名称	标准编号	发布日期	实施日期	适用类别
1	绿色建筑评价标准	GB/T 50378—2019	2019/3/13	2019/8/1	民用建筑
2	绿色工业建筑评价标准	GB/T 50878—2013	2013/8/8	2014/3/1	工业建筑
3	既有建筑绿色改造评价标准	GB/T 51141—2015	2015/12/3	2016/8/1	既改建筑
4	绿色办公建筑评价标准	GB/T 50908—2013	2013/9/6	2014/5/1	办公建筑
5	绿色商店建筑评价标准	GB/T 51100—2015	2015/4/8	2015/12/1	商店建筑
6	绿色医院建筑评价标准	GB/T 51153—2015	2015/12/3	2016/8/1	医院建筑
7	绿色饭店建筑评价标准	GB/T 51165—2016	2016/4/15	2016/12/1	饭店建筑
8	绿色博览建筑评价标准	GB/T 51148—2016	2016/6/20	2017/2/1	博览建筑
9	绿色生态城区评价标准	GB/T 51255—2017	2017/7/31	2018/4/1	区域性标准
10	绿色校园评价标准	GB/T 51356—2019	2019/3/19	2019/10/1	区域性标准
11	既有社区绿色化改造技术标准	JGJ/T 425—2017	2017/11/28	2018/6/1	全过程标准
12	民用建筑绿色设计规范	JGJ/T 229—2010	2010/11/17	2011/10/1	全过程标准
13	建筑工程绿色施工评价标准	GB/T 50640—2010	2010/11/3	2011/10/1	全过程标准
14	绿色建筑运行维护技术规范	JGJ/T 391—2016	2016/12/15	2017/6/1	全过程标准
15	民用建筑绿色性能计算标准	JGJ/T 449—2018	2018/5/28	2018/12/1	全过程标准
16	烟草行业绿色工房评价标准	YC/T 396—2011	2011/6/26	2011/7/15	其他行业标准
17	绿色铁路客站评价标准	TB/T 10429—2014	2014/5/7	2014/8/1	其他行业标准
18	绿色航站楼标准	MH/T 5033—2017	2017/1/3	2017/2/1	其他行业标准

表 1-5

全国34个省市自治区（含港澳台地区）绿色建筑全过程标准统计

省/自治区/直辖市	小计	占比
既有改造	7	20.5%
绿色运维	7	20.5%
绿色设备/技术	7	20.5%
绿色检测	8	23.5%
绿色验收	20	58.8%
绿色监理	1	2.9%
绿色施工	13	38.2%
绿色设计	30	88.2%
绿色开发	1	2.9%
绿色生态城区	6	17.6%
绿色评价标准	34	100.0%

地区	华北地区	东北地区	华东地区	华中地区	华南地区	西南地区	西北地区
全过程标准完善度	34.50%	24.20%	49.30%	30.30%	54.50%	29.10%	34.50%

（省市自治区列：北京、天津、河北、山西、内蒙古；黑龙江、吉林、辽宁；上海、江苏、浙江、山东、江西、安徽、福建；湖北、湖南、河南；广东、广西、海南；四川、贵州、云南、重庆、西藏；新疆、陕西、甘肃、宁夏、青海；港澳台）

绿色建筑相关团体标准（部分）　　　　　表 1-6

序号	标准名称	标准编号	发布日期	实施日期	发布团体
1	绿色建筑室内装饰装修评价标准	T/CBDA 2—2016	2016/9/9	2016/12/1	中国建筑装饰协会
2	绿色建筑工程竣工验收标准	T/CECS 494—2017	2017/12/12	2018/4/1	中国工程建设标准化协会
3	绿色住区标准	T/CECS 377—2018（T/CREA 001 2018）	2018/9/4	2019/2/1	中国工程建设标准化协会、中国房地产业协会
4	绿色养老建筑评价标准	T/CECS 584—2019	2019/3/20	2019/9/1	中国工程建设标准化协会
5	绿色建筑运营后评估标准	T/CECS 608—2019	2019/7/10	2020/1/1	中国工程建设标准化协会
6	医院建筑绿色改造技术规程	T/CECS 609—2019	2019/7/12	2020/1/1	中国工程建设标准化协会
7	民用建筑绿色装修设计材料选用标准	T/CECS 621—2019	2019/9/10	2020/3/1	中国工程建设标准化协会
8	绿色城市轨道交通车站评价标准	T/CAMET 02001—2019（T/CABEE 002—2019）	2019/8/16	2019/10/1	中国城市轨道交通协会、中国建筑节能协会
9	绿色村庄评价标准	T/CECS 629—2019	2019/11/8	2020/4/1	中国工程建设标准化协会
10	绿色城市轨道交通建筑评价标准	T/CECS 724—2020	2020/7/20	2021/1/1	中国工程建设标准化协会
11	绿色建筑检测技术标准	T/CECS 725—2020	2020/7/20	2021/1/1	中国工程建设标准化协会
12	绿色超高层建筑评价标准	T/CECS 727—2020	2020/7/20	2021/1/1	中国工程建设标准化协会
13	既有工业建筑民用化绿色改造技术规程	T/CECS 753—2020	2020/9/28	2021/2/1	中国工程建设标准化协会
14	绿色智慧产业园区评价标准	T/CECS 774—2020	2020/11/25	2021/4/1	中国工程建设标准化协会
15	汽车工业绿色厂房评价标准	T/CECS 802—2021	2021/1/12	2021/6/1	中国工程建设标准化协会
16	绿色建筑性能数据应用规程	T/CECS 827—2021	2021/3/8	2021/8/1	中国工程建设标准化协会
17	绿色港口客运站建筑评价标准	T/CECS 829—2021	2021/3/8	2021/8/1	中国工程建设标准化协会

序号	标准名称	标准编号	发布日期	实施日期	发布团体
18	绿色科技馆评价标准	T/CECS 851—2021	2021/4/16	2021/9/1	中国工程建设标准化协会
19	国际多边绿色建筑评价标准	T/CECS 1149—2022	2022/8/23	2023/1/1	中国工程建设标准化协会
20	绿色低碳轨道交通评价标准	T/CECS 1236—2023	2023/1/12	2023/6/1	中国工程建设标准化协会

　　本书后续章节，从科技创新、产业发展、项目案例等不同视角对近年来我国绿色建筑发展情况和经验进行梳理，多方位总结和展示我国绿色建筑发展成效与经验，分析发展问题并研讨解决建议，并结合新发展态势对绿色建筑相关技术及市场进行前瞻研究，分析提出双碳目标下行业发展前景及建议，以期为我国绿色建筑进一步地规模化发展和绿色低碳高质量发展提供参考借鉴。

第 2 章 绿色建筑科技创新研究

在绿色建筑科技创新研究方面，通过细分不同科技（如各地域适用科技、各建筑类型科技、全过程科技、绿色建筑＋创新科技等）及所属的具体科学技术，选择典型的、较为有效推动绿色建筑发展的科技进行介绍。

2.1 各地域适用科技

2.1.1 严寒地区

1. 严寒地区建筑形态性能驱动设计技术

1）核心内容与应用范围条件

严寒地区建筑形态性能驱动设计技术是立足严寒地区气候、文脉等地域特征，以建筑绿色性能、结构性能、经济性能等为设计目标，根据场地气候环境特征与设计功能要求，从建筑功能使用和室内物理空间舒适度出发，应用优化算法制定严寒地区建筑形态设计决策，基于计算机平台生成建筑形态设计参数的过程。

建筑形态性能驱动设计方法与技术为设计者呈现了建筑形态设计背后庞大的可行解空间，改善了设计者对于建筑能耗、物理环境舒适度、碳排放、结构安全、经济成本等复合性能的全局优化能力，为建筑性能的权衡改善和建筑形态创作的多元化发展奠定了技术基础。建筑形态性能驱动设计方法与技术强调多性能目标的平衡优化，通过对建筑性能模拟、建筑信息建模和遗传优化搜索技术的综合运用，兼顾了"自上而下"与"自下而上"两个向度，能够平衡设计过程中计算机客体和设计者主体决策作用。

严寒地区建筑形态性能驱动设计技术适用于建筑方案设计阶段，可应用于新建建筑和既有建筑改造项目，能够结合差异化的建筑设计参量设定应用于不同建筑类型。

2）应用成效

严寒地区建筑形态性能驱动设计技术立足寒地地域特征，在应用其展开建筑形态创作过程中，设计者能够权衡建筑多项性能目标优化需求。如以建筑天然采光性能、热舒适性能和建筑能耗性能展开的建筑形态性能驱动设计过程中，设计者应用本技术可充分权衡具有负相关作用的建筑能耗、热舒适与天然采光性能，并通过帕伦托排序技术实现了建筑形态设计方案多性能水平的直观表达（图 2-1），为设计者制定严寒地区建筑形态设计决策提供了有力支撑。

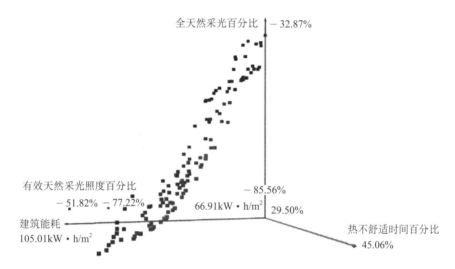

图 2-1　技术实践应用获得的非支配解集

同时，实践应用表明，严寒地区建筑形态性能驱动设计技术能够通过种群迭代计算结果制定建筑形态设计决策来调整形态设计方向，拓展了建筑形态设计可能性的探索广度，并保证随着迭代计算代数的增加，逐步改善严寒地区建筑形态影响的多项建筑性能（图 2-2）。

3）应用关键点

应用严寒地区建筑形态性能驱动设计技术展开建筑形态创作时，需注意以下问题：首先，性能驱动设计目标的选择需立足严寒地区鲜明的气候特征，在关注保温性能的同时，解析建筑多性能目标之间的相关性关系，对于与保温相关性能呈现矛盾关系和制约关系的建筑性能给予高度关注，并在性能驱动设计目标制定时充分考虑具有矛盾和制约关系的性能目标驱动建筑形态创作。此外，展开性能驱动建筑形态创作时，需结合建筑功能、空间特征，合理选择建筑形态设计参量。

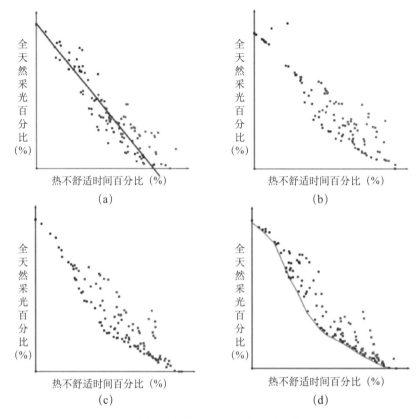

图 2-2 不同迭代计算代数下的建筑形态非支配解集

(a) 至第 4 代迭代计算得出的非支配解集；(b) 至第 100 代迭代计算得出的非支配解集；(c) 至第 200 代迭代计算得出的非支配解集；(d) 至第 300 代迭代计算得出的非支配解集

2. 严寒地区建筑围护结构热湿性能检测科技

1）核心内容与应用范围条件

建筑围护结构材料湿工况有热湿空气环境相互作用传热传质的耦合问题、材料内的湿迁移和外围护结构的湿传递现象。根据现在国内外研究，很难正确、可靠、准确完整地进行计算和预测多重条件下建筑围护结构材料湿工况。建筑物围护结构材料湿含量与材料本身的特殊性、微观结构有关，也受到内外环境因素和运行时间影响。材料固体部分的微观结构、矿物质的组成、容重在不同的条件下，其传导性、蓄热性、稳定性和耐久性完全不同，这些都取决于建筑材料的含湿量，所以要完成建筑围护结构热湿工况计算，评价其稳定性和耐久性，首先要了解其湿工况。

建筑物围护结构热湿性能检测要基于湿驱动势概念。它是围护结构材料所处内外环境水蒸气分压和当量附加压力作用下，驱动气体和液体的迁移。那么核心的任务就是解决湿驱动势在建筑围护结构材料内沿厚度方向的分布。

首先，进行测量建筑围护结构墙体内、外表面温度，室内空气温度和室外空气月平均温度，室内空气相对湿度，室外空气相对湿度。建立室外空气湿度随天数变化曲线图，建立室外空气温度随天数连续变化曲线图，找到室外空气温湿度年变化规律。其次，测量建筑围护结构墙体材料蒸汽渗透系数、静态水分传导率、吸湿性。基于离散－连续法建立建筑物围护结构非稳态湿工况计算数学模型。再次，在建筑物围护结构沿厚度方向上划分若干区间，如果是复合墙体，需在每种材料划分不同的区间长度，使用数学模型确定材料月初状态下湿驱动势。建立围护结构材料含湿量和湿驱动势分布曲线图，作为下一个月湿驱动势的初始条件，根据给出的室外空气月平均温度变化规律，确定下一个月的初始条件。重复计算上述过程，完成建筑物围护结构热湿性能检测。

应用范围：严寒地区建筑物围护结构墙体。

2）应用成效

使用该检测方法，可以预测建筑保温材料在运行期限内热物性指标变化。基于该数学模型计算方法，对严寒地区实践的工程项目中建筑物围护结构墙体内最大湿含量位置进行防潮处理。同时，考虑温度分布影响，可以确定严寒地区建筑物围护结构墙体任何时刻任何区域内湿势分布，达到准确计算建筑物围护结构热损失的效果。

3）应用关键点

建筑围护结构热湿性能检测科技的关键点就是确定其湿驱动势，湿驱动势确定的方法基于离散－连续数学模型，找到湿驱动势在建筑物围护结构墙体内随时间的分布。其具体流程主要包括离散－连续法确定湿驱动势数学模型、气候条件确定、建筑材料含湿率与湿驱动势关系计算等。

3. 严寒地区草砖墙建筑围护结构科技

1）核心内容与应用范围条件

草砖墙体（Straw Bale Walling Construction）起源于 19 世纪末美国的西部拓荒运动。第一座草砖房建成于 1890 年代美国中西部的内布拉斯加州（Nebraska）（图 2-3a）。伴随着 20 世纪 70—80 年代欧美国家石油危机的出现，节能环保的草砖建筑（Straw Bale Building）第二次兴起于美国西部加利福尼亚州（California）。我国第一批草砖房建成于 1999—2000 年，黑龙江省佳木斯市汤原县草砖房项目于 2005 年获得联合国人居奖（图 2-3b）。

(a)　　　　　　　　　　　　　　　　　(b)

图 2-3　草砖建筑

(a) 第一批草砖房建筑；(b) 我国第一批草砖房示范项目

13

草砖（Straw Bale）是草砖墙体的核心构件。稻（麦）草是谷类作物的茎秆，是植物根和穗的中间部分。在我国许多地方，稻（麦）草被一种称为草砖机的机器打压成块状，称作草砖，以利于储存和运输（图2-4a）。草砖的高度和宽度，是由草砖机内部的压制空间来决定的，草砖的长度可以由制草砖的人员根据需要调节。目前比较广泛应用于建筑的草砖规格为：长度850～950m，宽度约450mm，高度约350mm。在建筑应用上主要有平放和立放两种（图2-4b）。建筑用草砖密度综合考虑了力学性能和热工性能的指标，现有建筑用草砖密度为80～120kg/m³。

(a)   (b)

图2-4　建筑用草砖示意图
(a) 草砖；(b) 建筑用草砖排布方式

草砖墙体的基本结构有三种（图2-5）：草砖承重型（Load-bearing Straw Bale Wall）、填充框架型（In-fill Straw Bale Wall）、预制化（Prefabricated Straw Bale Wall）。在承重型的草砖墙体中，草砖（和抹灰层一起）承受屋架（屋顶和顶板）上的重量。承重型的建筑，通常比较小，只有一层，圈梁间的跨度比较小。在填充框架型建筑中，屋顶和顶板的重量由木、钢、混凝土或砖的结构框架来支撑，草砖砌在框架中或在框架周围，只起到维护结构的作用。预制化草砖墙体采用填充框架式的建造逻辑，将每一块草砖墙体在独立工厂加工成独立的模块化草砖片墙，并于施工现场进行组装。

(a)   (b)   (c)

图2-5　草砖墙体的基本结构
(a) 草砖承重型；(b) 填充框架型；(c) 预制化

2）应用成效

草砖墙体在欧美国家作为较成熟的建筑墙体形式，具有以下应用优势：

首先，草砖墙体有着良好的热工性能。既有研究和应用实例表明，草砖作为建筑材料的导热系数介于 0.046 ～ 0.069W/（m·K），其热工性能指标接近现有广泛应用的石化材料为基础的保暖材料。具有典型草砖墙体构造的草砖墙体，其传热系数介于 0.11 ～ 0.19W/（m²·K），其性能甚至达到《近零能耗建筑技术标准》GB/T 51350—2019 中所规定的墙体热工指标。

其次，草砖墙体有着优良的耐火性能。在满足《建筑构件耐火试验方法 第 8 部分：非承重垂直分隔构件的特殊要求》GB/T 9978.8—2008 所规定的实验条件下对草砖墙体进行的耐火实验（图 2-6）表明，草砖墙体的耐火极限不小于 3h，满足 A 类等级防火材料的规定。

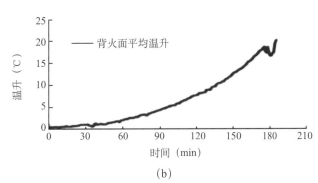

(a)   (b)

图 2-6 草砖墙体耐火实验

最后，稻（麦）秸秆作为农业副产品，应用于建筑建造对于生态和环保建设有着显著的促进作用。我国北方地区的稻（麦）秸秆燃烧问题一直是桎梏我国生态文明建设的核心问题之一，将稻（麦）秸秆用于建筑建造，能够长效解决该问题。同时，草砖作为生物质建筑材料的一种，草砖墙体有着极低的碳排放和极强的固碳能力。在生产过程中，麦秸秆作为建筑材料的碳排放仅为 $0.1kgCO_2/kg$，同时，每千克稻（麦）秸秆能固定 $3.67kgCO_2$。该种材料在建筑领域的应用将能够显著促进建筑行业的节能减排。

3）应用关键点

作为在我国有过应用案例的墙体形式，未来该种墙体的应用有以下几个关键点：首先，既有建筑的研究表明，适合我国各自气候区的草砖墙体构造，将是满足该种墙体应用的关键点。既有草砖墙体有着耐久性低、墙体开裂等现象（图 2-7），通过对该类型建筑的初步研究发现，由于构造设计出现温度桥，导致外墙表面温度应力分布不均匀，造成墙体开裂。未来进一步对草砖墙体墙体的研究和优化设计将能够解决该问题。

其次，我国目前缺少对于草砖建筑材料和草砖墙体构造的相关规范。既有研究表明，草砖墙体能够满足防火、节能和耐久性方面对于墙体构造的相关要求，然而既有规范缺少对草砖作为建筑材料的相关性能指标的规范。

最后，作为生物质材料的一种，既有研究缺少对草砖耐腐蚀性能的相关研究。

(a)　　　　　　　　　　　(b)　　　　　　　　　　　(c)

图 2-7　佳木斯汤原县草砖示范项目现状及现状分析

既有对草砖试验墙体的研究表明，草砖作为建筑材料有着优良的耐腐蚀性能，然而，其在不同气候条件下所表现的耐腐蚀性能并不完全一致，在各个气候区的耐腐蚀性能是否达到我国对建筑墙体相关耐久性的规定，仍需要深入研究。

4. 严寒地区建筑清洁供暖科技

东北严寒地区城市供暖方式有集中式供暖和分散式供暖，从主城区、城乡接合部再到农村地区，供暖方式呈现从集中到分散的过渡过程。其中主城区集中供暖占到 90% 以上，在集中供暖中热电联产供热占热负荷的 70% 以上，此外还有燃气调峰机组等。从目前的清洁供暖技术来看，大致可分三类，一类是基于清洁能源和技术，提升大型集中热源的供热能力（百万级供热面积），如消纳风电的热–电联合优化运行技术、基于吸收式热泵的余热清洁供暖技术；另一类是基于清洁能源和技术，提升中小型集中热源的供热能力（万级至几十万级供热面积），如污水源热泵清洁供暖技术；再一类是基于清洁能源的分散式供热技术（单体建筑），如季节性蓄热太阳能–土壤耦合热泵供暖技术、电热膜供暖技术（在没有集中供热的学校使用，分时控制）等，下面分别进行阐述。

1）消纳风电的热–电联合优化运行技术

（1）核心内容与应用范围条件

风电供暖作为一种适宜的严寒地区建筑清洁供暖方式，参与供热既可以减少煤炭的消耗，又可以降低大气污染物的排放和提高城市空气质量。但由于"以热定电"严重制约了供热机组的调峰能力，直接影响了电网的风电消纳能力而无法在严寒地区大面积推广。基于"消纳风电的热–电联合优化运行技术"的研究与示范（图 2-8），利用供热系统热负荷特性、热源、管网与建筑物的储能特性，在保证供热的前提下，根据供热管网与建筑物的热惯性规律，以城市供热系统安全可靠运行要求为约束条件，基于供热机组的热–电负荷关系，以及热网当前储热水平和储放热特性，以供热系统的经济性最优为目标，进行热源的热负荷优化。根据供热机组热负荷的时序分配，获得相应的供热机组电负荷与电出力，提出供热机组、储热式电供暖和大规模风电的联合优化策略和控制技术，大幅提升风电利用率，推进风电清洁供暖应用。

应用范围：热电联产作为主要供热方式的寒冷与严寒地区。

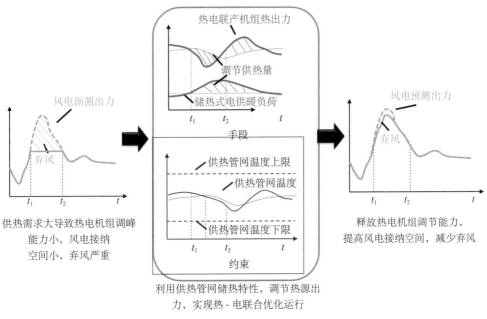

供热需求大导致热电机组调峰
能力小，风电接纳
空间小，弃风严重

利用供热管网储热特性，调节热源出
力，实现热 - 电联合优化运行

释放热电机组调节能力，
提高风电接纳空间，减少弃风

图 2-8 消纳风电的热 - 电联合优化运行图

（2）应用成效

在吉林地区开展了热 - 电联合优化运行控制系统示范，示范工程覆盖吉林省内的风电场、供热机组和对应的供热系统，以及储热式电供暖供热站，同比减少弃风量 10% 以上。首次实现了热力系统与电力系统的联合优化调度，示范成效显著。

（3）应用关键点

消纳风电的热 - 电联合优化运行技术研发与示范方面，开发了热电联合优化控制应用平台，利用供热系统的热惯性，以风电的最大化消纳为目标，在保证系统安全的前提下减少弃风。应用过程中如何结合热计量和智慧供热系统的建设，提升严寒地区建筑物用户自主调节能力是提升风电等可再生能源高效利用的关键。

2）基于吸收式热泵的余热清洁供暖技术

（1）核心内容与应用范围条件

吸收式热泵，即以蒸汽、热水等高温热源为驱动热源，把低品位热源的热量提高到中温，从而提高能源的品质和利用效率。吸收式热泵常以溴化锂溶液作为工质，对环境没有污染，不破坏大气臭氧层。基于吸收式热泵的余热清洁供暖技术应用在热电厂回收余热时（图 2-9），以汽轮机抽汽为驱动能源，回收循环冷却水余热，加热热网循环水回水，得到的有用热量（热网供热量）为消耗的蒸汽热量与回收的循环冷却水余热量之和，从而达到余热回收利用的目的。实际上原汽轮机凝汽器的乏汽余热通过冷却水塔或空冷器排放到大气环境中，造成乏汽余热损失。此方案可回收循环水余热，提高电厂供热量，从而提高了电厂总的热效率。

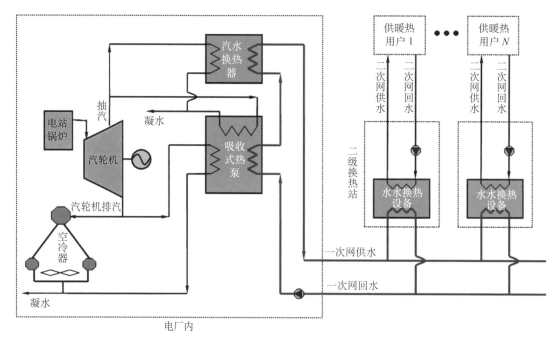

图 2-9 基于吸收式热泵的余热清洁供暖技术提升热电厂供热效率系统图

（2）应用成效

目前，基于吸收式热泵的余热清洁供暖技术在我国北方地区得到了广泛应用，经济效益和社会效益显著。

2010 年，京能集团石景山热电厂选用 8 台 20MW 吸收式热泵机组，从循环水中提取热量，在不增加锅炉和供热机组的情况增加供热面积 200 万 m^2，有效解决了电厂供热能力不足的问题。由于回收凝汽余热用于供热，整个供暖季节约标煤约 3.4 万 t，采用闭式循环冷却水直接冷却汽机凝汽，供暖季可减少冷却水塔冷却水损失约 21.6 万 t。

2013 年，哈尔滨哈西热电场，选用 6 台 38MW 吸收式热泵机组，把热电厂冷却塔水从 25℃冷却降至 15℃；把热网回水从 55℃加热至 75℃；驱动为热源汽轮机抽气，供热系数 1.7。

2018 年，哈尔滨哈投开发区蓝星余热利用项目，2 台吸收式热泵机组，把蓝星化工厂余热从 29.5℃冷却降至 22.4℃；把热网回水从 50℃加热至 76℃；驱动热源汽轮机抽气；供热系数 1.64；2018 ～ 2019 年供暖季，为哈投热网提供了 545360GJ 的热量。以当年平均气象条件分析，该热量可以满足约 100 万 m^2 建筑的供暖需求，节约标准煤 7437t，减少粉尘排放量 36.7t，减少 NO_x 排放量 564t，减少 SO_2 排放量 117.5t。

（3）应用关键点

吸收式热泵余热回收技术以其高效节能和具有显著经济效益的特点，在具有工艺热或工业余热等优质的低品位能源的条件下，基于吸收式热泵余热回收用于城镇集中供热，既可大幅度提高能源利用效率，减少污染物排放，也可降低供热成本。如果余热资源不属于热电厂，基于吸收式热泵由第三方建厂运行时，要做好热、电、汽的计量工作，兼顾好各家利益。

3）污水源热泵清洁供暖技术

（1）核心内容与应用范围条件

污水源热泵系统，是一种以城市污水为低位热源，利用污水换热器、水源热泵机组，为散热器或地板供暖等末端设备提供热水，实现居民冬季清洁供暖的系统形式，其系统图如图 2-10 所示。

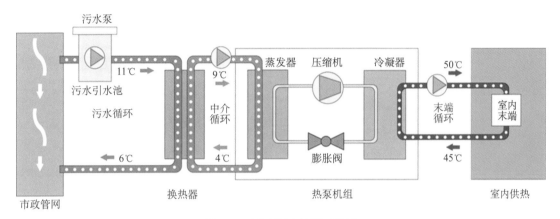

图 2-10　原生污水热泵系统图

系统运行时，污水干渠内的原生污水依靠重力流入污水池，在污水池内经过滤设备过滤后，由污水给水泵送至污水换热器与中介水进行换热，换热后的污水排回污水干渠下游，吸热后的中介水进入热泵机组蒸发器，为热泵提供低品位热源，通过消耗部分电能，热泵机组冷凝器将蒸发器吸收的热量品位提升后送至末端用户进行供暖，通过散热器、地板辐射供暖系统、空调风机盘管系统等换热，将居民用户建筑内的室温提高至18 ~ 20℃以上。夏季也可以用来制冷。

污水换热器是污水热泵系统的关键核心设备，需要解决防堵、防垢和高效换热几个问题。换热器经历了从防阻机到大流道式污水换热器的发展过程，核心技术基本成熟。

目前，城市管道污水的温度全年在 15 ~ 20℃，存在着巨大量的废热。严寒地区通过污水源热泵供热系统回收低位热量，可实现污水的能源再利用和清洁供暖。一般应用于距离市政污水管网较近，且集中供热管网供不到的区域，可以实现冬季供热、夏季供冷。对夏季有冷负荷的建筑，系统利用率会更高。

（2）应用成效

污水源热泵技术具有显著的经济效益和社会效益，在严寒地区已得到推广应用。典型项目如下：

①哈尔滨学院欧亚之窗校区污水源热泵供热项目，供暖建筑总面积约为 28.4 万 m²，利用的污水取自流经欧亚之窗院内何家沟污水截流干渠。本项目工程污水总用量约为

1647m³/h，其中一期工程 19.5 万 m²，污水的需用量为 1131m³/h。主要设备为污水源热泵系统流道式换热器，每年可节能 1885.24tce，年节能经济效益为 324 万元，投资回收期约 7.18 年。

②沈阳阳光一百污水源热泵供热项目，供暖建筑面积约为 113 万 m²，项目污水的用量为 6600 m³/h。主要设备为污水源热泵系统流道式换热器，每年可节能 6614tce，年节能经济效益 1620 万元，投资回收期约 4.5 年。

③哈尔滨市道外区南直 401 小区，共 5 栋楼 36 个单元，4.9 万 m²，约 800 户居民。建筑墙体为 490mm 厚砖墙体 +80mm 厚 EPS 板（属于既有居住建筑节能改造项目），屋面为节能保温屋面。污水进水温度为 16℃左右，污水回水温度 7℃以上，利用电动热泵提取出 8 ～ 9℃污水热量为居民供暖。测试期间，平均室温为 19.3℃，单位面积能耗为 27.97kW · h/m²（包括循环水泵电耗），单位面积能源费用与设备折旧费用之和 21.51 元 /m²。

（3）应用关键点

换热设备是污水源热泵系统的核心设备，流道式换热技术彻底解决了污水源热泵推广中换热设备易堵塞、易腐蚀等问题，对于我国普及推广污水源热泵技术具有重要意义。

该技术需要从污水干渠中提取热量，下游污水处理厂处理污水时可能还需要补充热量。从系统的观点看，污水干渠取热点不宜过多，使其对下游污水处理的影响降到最低。

5. 季节性蓄热太阳能 – 土壤耦合热泵供暖技术

1）核心内容与应用范围条件

北方严寒地区冬季漫长，气温低，供暖期长，建筑热负荷大；而夏季时间短，冷负荷偏小，传统的地源热泵技术应用于建筑物供暖供冷时时，由于从地下土壤中的取热和放热不平衡，长期会造成地下土壤温度逐年下降，使得土壤源热泵的系统的性能逐年衰减。由此，引入太阳能季节性蓄能技术，以补充地下能量取放的不平衡，由此构成了季节性蓄热太阳能 – 土壤耦合热泵供暖系统，其原理如图 2-11 所示。系统包含：太阳能集热系统、地埋管系统、热泵机组、室内末端地热供暖系统等。

该系统的主要特点为：

（1）春、夏、秋季把太阳能集热器收集的热量通过土壤蓄热系统储存到土壤中，冬季利用太阳能和土壤源热泵提取土壤中的热联合供暖。

（2）夏季需要时，系统的一部分利用土壤中的冷量直接供冷，通常称为免费供冷，系统效率非常高，另一部分进行太阳能土壤蓄热；当直接供冷不足时，可开启热泵机组进行供冷。供冷结束后，所有埋管进行太阳能土壤蓄热，直至冬季供暖。

（3）利用一年三季储存到土壤中的热量对建筑物进行供暖，利用土壤冷源对建筑物直接供冷，实现太阳能的移季利用。

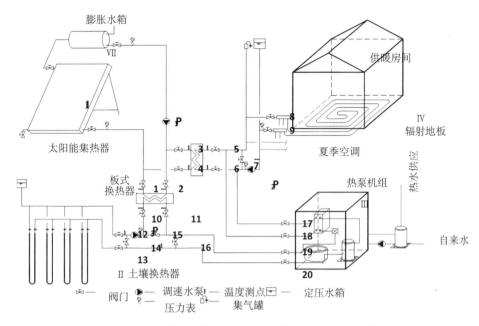

图 2-11　季节性蓄热太阳能 - 土壤耦合热泵系统原理图

该系统适用于严寒地区单体小型建筑，如小型别墅区、村镇建筑等以及周边无集中热源和热网，但有地埋管空间和太阳能集热器安装位置的区域，可满足冬季供暖，夏季空调用。

2）应用成效

该技术最早应用于哈尔滨市松北区某独栋建筑（图 2-12a）。建筑物长 13.16m，宽 12.56m，高 3 层外加小阁楼，3 层建筑面积 496m²，体形系数 S=0.41，外墙和屋顶均采用 150mm 聚苯板外保温，地面敷设 30mm 厚聚苯板保温，外窗采用铝塑复合三玻节能窗，采用地板辐射供暖供冷。为进一步提升系统的节能效果，2015 年对系统进行了进一步改造，增设了小型太阳能光伏发电系统，太阳能电池板置于建筑物正前方平地，电能用于驱动循环水泵运行，进行蓄能和家用照明系统等。

从该系统一年的实际运行和测试结果看，当进行蓄热包括蓄热能耗时，供暖的总能效系数 COP=7.6，单位面积耗电量 2.68W/m²，节能效果显著；供暖费用 5.77 元 /m² [电价 0.51 元 /（kW·h）]，夏季利用自然冷源，供冷能效系数 COP 可达到 20 以上，由此可见，经济效益也十分显著。在采用光伏系统前，单位建筑面积年耗电量为 14.47kW·h/m²，建筑节能率为 89.8%；采用光伏系统之后，单位建筑面积年耗电量减少为 13.32kW·h/m²，建筑节能率提高到了 90.6%。

目前该技术已在北方严寒地区超低能耗建筑中得到推广应用，如吉林建筑大学城建学院实训副楼（图 2-12b），建筑面积 1180m²，2017 年春季竣工，采用季节性蓄热太阳能 - 土壤耦合热泵系统，末端为地板辐射供冷 + 供暖（毛细管），配有能源管理监测系统，建筑节能率 71.7%。

| (a) | (b) |

图 2-12　季节性蓄热太阳能 - 土壤耦合热泵系统典型案例
(a) 哈尔滨市松北区为某独栋建筑；(b) 吉林建筑大学城建学院实训副楼

3）应用关键点

由于本系统集成了太阳能集热系统、地埋管系统、热泵机组、换热器部分，在设计和应用时，系统的优化设计是关键，应做到系统既高效运行，又投资适中。此外，太阳能集热系统的防冻、地埋管系统的可调性设置等也是本技术成功推广的关键。

2.1.2　寒冷地区

1. 复合式地源热泵技术

1）核心内容与应用范围条件

复合式地源热泵系统作为一种高效、经济、节能环保的技术，具有多能源协同互补、蓄能调峰等特点，可以有效改善纯地源热泵系统冬、夏季从土壤内取热或排热的不平衡，避免系统长期运行导致的土壤温度变化，对环境造成影响的同时，降低系统运行能效的问题。复合式地源热泵系统是地源热泵系统与其他形式加热或散热系统复合使用的系统，目前比较常见的复合式地源热泵系统（图 2-13）主要包括地源热泵与太阳能复合式系统、地源热泵与冷却塔复合式系统、地源热泵与空气源热泵复合式系统、地源热泵与常规冷水机组复合式系统、地源热泵与生活热水复合式系统等。

（1）地源热泵与太阳能复合式系统。该系统由太阳能集热器、埋管散热器、循环水泵及用户末端组成，是在地源热泵的基础上增加太阳能供热的系统，通过太阳能辅助设备的供热比例，有效保证系统处于冷热平衡状态。太阳能和地热能相辅相成，系统充分利用太阳能进行供热，确保埋管散热器间歇运行，维护土壤温度，而地热能同样可以解决季节、天气变化造成的太阳能供热差异的问题。

（2）地源热泵与冷却塔复合式系统。该系统可以充分发挥冷却塔的优势，冷却塔的独立运行可以使埋管散热器及时散热，有效保证土壤温度不会升高，尤其是避免在供冷季后期，埋管散热器周围土壤温度的升高导致系统运行能效降低的现象发生，确保系统一直处于高效节能的运行状态。该系统一般按照冬季负荷或者夏季部分负荷设计地下埋管换热器，当夏季高峰负荷时，适时地开启辅助冷却塔系统，缓解埋管散热器换热量不足的问题，从而达到夏季室内设计温度的要求。

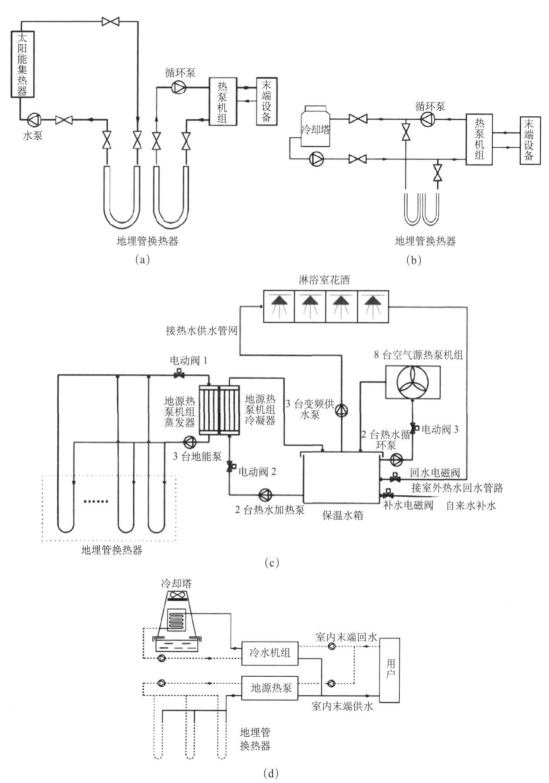

图 2-13　常见复合式地源热泵系统

（a）地源热泵与太阳能复合系统；（b）地源热泵与冷却塔复合系统；（c）地源热泵与空气源热泵复合系统；（d）地源热泵与常规冷机复合系统

（3）地源热泵与空气源热泵复合式系统。该系统是一种充分利用空气源热泵辅助地源热泵系统的复合系统，无论项目是以热负荷为主，抑或是以冷负荷为主，均可以实现以空气源热泵为辅助散热设备，从而保证系统的高效节能运行。该系统是一种更加节能环保的复合式地源热泵系统。

（4）地源热泵与常规冷机复合式系统。该系统由冷水机组、冷却塔和热泵机组、地埋管这两个相对独立的制冷系统复合而成。地埋管换热器一般按照冬季供热负荷或夏季部分负荷设计，冷机、冷却塔系统按照冬夏季负荷差设计。冬季供热时仅热泵系统运行，夏季结合项目实际的运行策略，两个系统联合运行。该系统控制灵活、主机相互备用、系统稳定性好，即使地埋管换热器间歇运行仍可实现空调系统的连续运行，从而使土壤温度得到恢复，有效缓解地下热堆积。

（5）地源热泵与生活热水复合式系统。该系统把空调热负荷以外的热水系统纳入地源热泵系统中，从而缩小夏季排热量和冬季吸热量的差距，实现冬夏季的冷热量平衡。考虑地埋管换热器的高成本以及一套独立高效热水系统的成本，该系统不适用于冬夏季冷热负荷相差较大的地区，这很有可能导致冬季一半以上的热量都应用于生活热水系统的情况。

2）应用成效

综合考虑项目土壤换热器的设计需求、地源热泵系统的造价等因素，目前较多的项目选择复合式地源热泵系统。考虑到地源热泵系统对土壤温度的影响，该系统更适合在冷热负荷差距不大的地区使用。如北京市某研发办公楼，位于北京市顺义区，经过地勘分析，项目所在地含水量低，且不易回灌，不宜实施地下水水源热泵系统，但非常适合实施地埋管式地源热泵系统。因此项目的空调系统设计为复合式地源热泵系统，即地源热泵＋水蓄冷（蓄热）＋燃气锅炉＋冷水机组，燃气锅炉作为冬天供热的调峰设备，常规冷水机组作为夏季供冷的调峰设备，既能满足最大负荷的需求，也能使系统的造价大幅度降低。

该项目设置了4台地源热泵机组用于夏季供冷、冬季供暖，夏季制冷工况单台制冷量为1927kW（蓄冷工况单台制冷量1813kW），冬季供暖工况单台制热量为1958kW（蓄热工况单台制热量1915kW）。在此基础上，又设置了2台调峰源热泵型冷水机组（单台制冷量为1849kW）作为夏季白天调峰冷源、夜间全楼空调冷源、过渡季冬季全楼空调冷源、冬季内区供冷使用；项目设置2台真空燃气锅炉（单台制热量3500kW）作为冬季白天调峰热源、夜间全楼空调热源使用。另外，由于建筑冷热负荷具有白天大、夜间小的特点，同时夜晚处于电力谷价，项目采用部分负荷水蓄能系统，利用夜间蓄能减少系统的运行费用，还可以减少白天系统中常规设备的配置比例。该工程设置2个蓄能水罐，一个容积4700m³（夏季蓄冷，冬季蓄热），一个容积2300m³（夏季蓄冷，兼消防水池）。图2-14所示为系统夏季和冬季设计负荷的运行策略图，经过近6年的实际运行，该系统目前运行良好，对地下土壤温度影响较小。

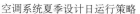

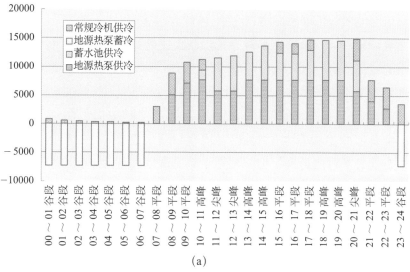

(a)

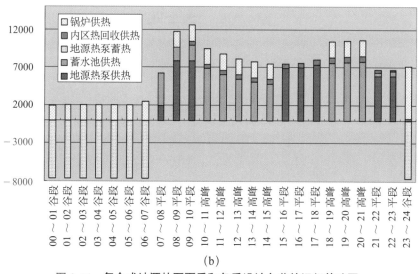

(b)

图 2-14　复合式地源热泵夏季和冬季设计负荷的运行策略图

（a）典型设计日冷负荷平衡策略图；（b）典型设计日热负荷平衡策略图

3）应用关键点

复合式地源热泵系统虽然是一种比较节能环保的系统，易于实现土壤热平衡，同时降低埋管散热器的初投资，但是设计之初也需要判断项目所在地是否适宜建设地源热泵系统，辅助热源系统应该选择哪种形式。后期运营单位需要注重系统的维修保养，确保机组的运行能效可以维持在一个相对稳定的水平。

在实际的运行中，为了保证热泵机组的高效运行，实现土壤的热平衡，需要注意以下几点：

（1）需要有效控制地源侧温度，避免无限制的从地源侧取冷（热）。

（2）对于采用冷机＋地源热泵的系统形式，热泵机组需间歇运行，维护土壤温度。在有峰谷电价的地区，可以考虑增加水蓄冷（热）系统与地源热泵系统配合使用。

（3）制定合理的运行策略，尽量避免出现土壤热堆积现象，否则长此以往可能会降低热泵机组的运行效率。

2. 冷却塔免费供冷技术

1）核心内容与应用范围条件

冷却塔免费供冷技术是利用自然冷源实现空调系统节能的一项重要技术，虽然冷却水并不是一种直接的自然冷源，但其利用了室外温度较低的空气进行降温，间接使室外空气成为空调系统的冷源。冷却塔在用于夏季供冷工况时，是用来冷却冷凝器内冷却水的温度的，随着室外空气湿球温度的降低，冷却塔的出水温度自然也会降低，当室外湿球温度继续降低到某温度值以下时，冷却塔的出水温度已经很低了，可以直接或间接向空调系统供冷而无需开启冷水机组，这一技术就是冷却塔免费供冷技术（图 2-15）。

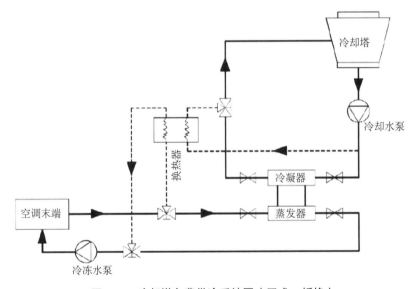

图 2-15　冷却塔免费供冷系统图（开式＋板换）

夏热冬冷和寒冷地区，大型（有内区）的酒店、商业和办公建筑等在过渡季或冬季仍会有部分场所需要空调系统提供冷量，而室外气候湿球温度又相对较低，适宜采用冷却塔免费供冷系统。由于使用这一系统避免了在过渡季和冬季开启制冷机组，所以相对于常规空调系统，在相同气候条件下的运行能耗具有显著的经济效益和社会效益。

2）应用成效

由于其较好的节能应用效果，该技术已经逐渐由推荐性技术向强制性技术进行转变。例如《北京市公共建筑节能设计标准》DB11/687—2015，对于在何种条件下必须要设置冷却塔免费供冷系统给出了明确的规定（强制执行条款）：

4.2.26　当建筑物存在冬季需要供冷的内区，且设计了冬季供冷空调系统时，冬季应采用利用自然冷源供冷的技术措施，并满足下列规定：

1　除冬季采用热回收冷水机组为内区供冷且全部回收了制冷机组的冷凝热之外，同时符合下列条件的工程，应利用冷却塔为风机盘管提供空调冷水：

采用风机盘管加新风空调系统，且新风不能满足供冷需求；

风机盘管的冷源为水冷式冷水机组，且通过冷却塔释热。

2　舒适性空调采用全空气系统时，新风比应符合本标准第 4.4.7 条 3 款的规定。

3）应用关键点

（1）合理选择系统类型

采用冷却塔免费供冷系统时，宜根据项目的实际情况如供冷时间、冷却水水质要求、初投资额度等因素，综合比较选择合适的系统形式，因为不合理的系统形式会导致冷却塔免费供冷系统的经济性差或者无法正常运行。

开式冷却塔外加板式换热器的形式属于常见的间接冷却塔供冷系统。此种系统中，通过板式换热器间接供冷，冷冻水系统和冷却水系统是相对独立的。该系统的可靠性高，目前在民用建筑工程中应用较多。

开式冷却塔加过滤器形式属于直接供冷系统。通过一些简单的管路将冷冻水和冷却水直接连通，将冷却水直接用于空调末端，节能效果非常好。但是由于冷却水水质难以保证的问题，该形式的冷却塔供冷系统在民用建筑工程中应用较少。

闭式冷却塔供冷属于直接供冷形式。采用闭式冷却塔供冷，由于冷却水与空气间的换热属于间接换热，保证了冷却水水质的清洁度，但其换热效果不如开式冷却塔好，在同样条件下，冷却效果欠佳影响了其供冷时数，此外闭式冷却塔初投资也较高，该供冷形式在民用建筑工程中较少被应用。

（2）切换温度及有效供冷时数

在冷却塔供冷系统设计运行之前就应该将冷却塔的切换温度选好。冷却塔供冷系统的切换温度是根据冷却水的供水温度以及冷却塔自身工作特性来决定的，而冷却水的水温受到冷冻水水温的限制，冷冻水的水温是由建筑空调负荷决定的。大量专家学者将冷却塔的切换温度通式定义如下：

$$T_1 = T_2 - \Delta T - T_3$$

式中　T_1——冷却塔供冷系统的切换温度，℃；

T_2——冷却塔供冷系统的末端冷冻水供水温度，℃；

ΔT——冷却塔供冷系统中板式换热器的温差，℃；

T_3——冷却塔的冷幅，℃。

通过设计切换温度中的 T_2 可以计算出末端在冷却塔免费供冷系统运行时段的供冷能力，将其与逐时空调负荷计算结果做对比，确定冷却塔免费供冷系统有效的全年供冷时数及供冷量。

（3）合理设计系统规模

在北京等寒冷地区的城市，设计合理系统规模是影响冷却塔免费供冷技术经济性的关键因素之一。以一栋位于北京的酒店建筑为分析模型。酒店主楼面积为 3.8 万 m^2，地上 9 层，地下 1 层，采用四管制风机盘管，设置开式冷却塔加板式换热器的冷却塔免费供冷系统。冷却塔免费供冷系统与原空调系统共用冷却泵、冷冻泵和冷却塔，主要初投资为冷却塔板式换热器。

北京属于寒冷地区，则可采用冷却塔免费供冷的时间为 3 月 16 日—5 月 14 日及 9 月 16 日—11 月 14 日，共计 2880h。根据逐时负荷计算的结果，各规模冷塔免费供冷系统的节约费用和初投资统计结果见表 2-1。从表 2-1 中可以看出，随着板式换热器规模的增大，冷却塔的供冷能力随之提升，不满足小时数减少，静态回收期变长，当系统规模增大到总负荷的 40% 及以上时，静态回收期大于 5 年。

冷却塔免费供冷计算结果 表 2-1

系统规模	节约的电费（元）	增加的初投资（元）	静态回收期（年）
20% 空调负荷	15736.7	49492.8	3.15
30% 空调负荷	16143.8	74239.2	4.60
40% 空调负荷	16254.6	98985.6	6.09

3. 锅炉烟气热回收技术

1）核心内容与应用范围条件

锅炉在燃烧过程中，为了防止锅炉尾部受热面的低温腐蚀，通常将排烟温度设计在 $160 \sim 200℃$，实际热效率一般在 90% 以下。高温烟气这些高热量若直接排到大气中，则浪费了大量热量。

锅炉烟气热回收技术是锅炉节能的重要途径。以蒸汽锅炉为例，设计排烟温度为 200℃，对锅炉烟气进行热回收，当排烟温度降低到烟气露点温度（通常在 $50 \sim 60℃$）以下，烟气除由于排烟温度降低释放显热外，还会由于水蒸气的凝结而释放大量潜热。以天然气低位发热量计算，若能完全利用天然气热量，燃气锅炉效率可提高 10% 左右，故在提高锅炉效率的技术中，烟气热回收是十分重要的节能途径之一。

2）应用成效

锅炉烟气热回收技术在实际应用中具有可观的经济性和环保性。

经济性分析：在未进行余热回收时，民用锅炉的排烟温度约为 160～200℃，其热平衡如图 2-16 所示。

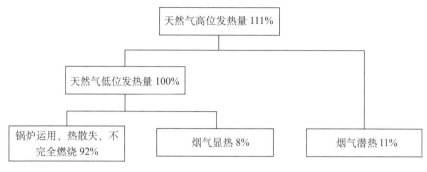

图 2-16　燃气锅炉热平衡

图 2-16 中，显热回收是指热量传递过程中，温度发生变化而不改变工质原本相态所需吸收或释放的热量。在烟气热回收中，即为烟气温度下降所释放的热量，约占天然气低位发热量的 8%。潜热回收是指在热量传递过程中，工质发生相变时所吸收或释放的热量。在烟气热回收中，即烟气中的水蒸气发生冷凝所释放的热量，约占天然气低位发热量的 11%。因此，如能将烟气温度降到 60℃以下，使得烟气中的水蒸气冷凝放热，让工质获得烟气中的潜热，可大大提高锅炉效率。

表 2-2 为不同排烟温度下可回收的热量和比例：

不同排烟温度下可回收的热量（kW）和比例　　　　　　　　　　　　表 2-2

蒸发量 排烟温度	1t	2t	3t	4t	5t	回收热量占额定热量比例
150℃	18.61	37.21	55.82	74.42	93.03	2.66%
120℃	30.96	61.92	92.88	123.84	154.80	4.42%
100℃	39.12	78.23	117.35	156.46	195.58	5.59%
90℃	43.17	86.33	129.50	172.66	215.83	6.17%
80℃	47.21	94.41	141.62	188.82	236.03	6.74%
70℃	51.23	102.45	153.68	204.90	256.13	7.32%
60℃	55.23	110.46	165.69	220.92	276.15	7.89%

在锅炉系统运行过程中，如不能对其进行烟气热回收，会造成能量的大量浪费。将表 2-2 中的热量折合为天然气量，则不同排烟温度下每年可节约的天然气量见表 2-3。

绿色建筑发展研究报告

不同排烟温度下节约天然气量（m³）和比例 表2-3

排烟温度 \ 蒸发量	1t	2t	3t	4t	5t	节约天然气占额定天然气量比例
150℃	4517.91	9035.82	13553.73	18071.64	22589.54	2.87%
120℃	7518.11	15036.22	22554.33	30072.45	37590.56	4.26%
100℃	9498.41	18996.83	28495.24	37993.66	47492.07	5.38%
90℃	10481.89	20963.78	31445.67	41927.55	52409.44	5.94%
80℃	11462.93	22925.87	34388.80	45851.74	57314.67	6.49%
70℃	12439.12	24878.25	37317.37	49756.49	62195.62	7.04%
60℃	13411.67	26823.34	40235.01	53646.68	67058.35	7.60%

通过以上分析可知，实施烟气热回收技术对于锅炉天然气燃料用量的节约非常大，在节能和经济方面具有很大潜力。而以上分析计算，并未计入烟气热回收到烟气露点温度以下时，烟气释放的大量潜热。若烟气热回收至露点温度以下，则其可节约更多热量及天然气，故在烟气热回收方面，锅炉节能潜力十分可观。

环保分析：据调查研究，此技术可使锅炉排入大气的有害物质大为减少。每立方米天然气完全燃烧后，冷凝式烟气回收技术的冷凝水回收量0.65kg，烟气中的CO_2减排量下降40%，NO_x减排量下降60%。

烟气热回收技术具有的节能、减排和节水的优点，使该项技术能在供暖燃气锅炉上推广使用，不但可以减少有害气体排放量，降低冬季空气污染度，还可以节约用水，减轻地方区域用水压力。

3）应用关键点

由于烟气热回收技术设备和系统千差万别，工艺生产使用的工艺设备、工艺方法、工艺流程、原料条件、燃料条件等更是千变万化，造成热资源的数量、质量和种类亦各不相同，从而给热回收利用带来很多困难。

在烟气热回收技术中，一般采取"根据用户需求，先自身使用、后对外供能，高温高用、低温低用，逐级回收，温度对口，梯级利用"的原则，避免造成㶲损失以及热贬值。首先考虑降低生产工艺的主要载能体的单耗及其载能量，其次考虑降低辅助载能体的单耗和载能量，最后再考虑回收利用排放的烟气余热。

此技术最关键的问题是：当排烟温度低于烟气露点时，会形成具有高腐蚀性的酸性冷凝液，缩短设备使用寿命，影响使用安全，因此烟气热回收装置必须考虑防止冷凝液的酸性腐蚀。烟气冷凝热回收装置中与烟气接触的表面和烟气冷凝水管应采用防腐蚀表面改性材料或耐腐蚀材料及防腐蚀加工工艺，在焊接处也应采取防腐蚀措施，确保满足使用寿命的要求。

4. 围护结构保温技术

1）核心内容与应用范围条件

建筑围护结构的保温设计是实现绿色建筑节能环保的重要影响因素。在民用建筑设计中，尤其是在北方寒冷地区，建筑围护结构保温性能直接关系到建筑的安全、质量及能耗。

建筑围护结构包括屋面、外墙、门窗三部分，这些结构是建筑散热、吸热、隔热的主要媒介，对其进行合适的保温设计是保证建筑保温性能的必要条件。

屋面在建筑围护结构中属于较为特殊的部分，该结构一方面对自重的要求很高，另一方面还要求良好的防水性，这就使其保温设计受到了限制。首先，保温材料应选择密度小、导热系数低的材料，以控制屋面重量与厚度；其次，保温材料的吸水率要尽可能低，隔水性要尽可能好。

外墙的保温设计主要有外保温、内保温和内外混合保温三种。其中外保温由于能降低室外温度变化对墙体形成的变形应力，避免气候变化对外墙的冲刷、破坏，同时还能有效遮挡空气中的酸性气体、太阳紫外线侵蚀等优势而被广泛应用。

在屋面、外墙、门窗围护结构三大部分中，门窗结构的能耗散失是最严重的，建筑门窗往往承担着通风、采光、日照、观景等多方面的设计要求，选择保温性能高、隔热效果好的门窗是保证建筑负荷和建筑各方面功能设计平衡的基础。

2）应用成效

目前常用的屋面保温技术有三种：第一种是利用具有憎水性的膨胀珍珠岩进行保温；第二种是利用硬质发泡型的聚氨酯同时进行防水处理和保温处理；第三种是在屋面找平层上粘贴保温板进行保温，粘贴剂是与粘结胶混合的聚合物砂浆；保温板选用 STP 板、酚醛板、岩棉板均可，由于保温板本身不具备防水、隔水功能，所以在完成后必须进行节点和嵌缝处理，然后加添屋面防水层。

外墙外保温复合聚苯颗粒自保温墙体是一种结合了外保温和自保温墙体的非承重墙系统。采用聚苯颗粒轻质混凝土为自保温墙体，采用增强竖丝岩棉复合板、EPS、XPS等为外保温材料；现场既可通过浇筑方式施工，也可选择组装方式施工，施工速度快，实现了结构保温一体化。该墙体保温、抗震、隔声等性能优异，技术先进，适用于钢框架结构及混凝土框架结构的非承重节能保温墙体，特别适合应用在防火等级高的公共建筑及既有建筑加层等建筑墙体。图 2-17 为北京市顺义区马坡镇庙卷村某农房的外保温复合聚苯颗粒自保温墙体应用案例，建筑外立面美观大方，保温性能较好。

图 2-17　某农房复合聚苯颗粒自保温墙体应用案例

　　超低能耗建筑用门窗采用三玻两腔双层 Low-E 的玻璃设计，填充惰性气体氪和氩，极大地降低热传导和热流失，提升门窗的保温、隔热、隔声性能。我国超低能耗（含零能耗）建筑用门窗主要包括铝包木节能门窗、铝合金节能门窗、塑料节能门窗等，依据《被动式低能耗居住建筑节能设计标准》DB13（J）/T177—2015 设计，门窗传热系数 K 不大于 1.0W/（m²·K）、隔声性能不小于 45dB、气密性 q_1 不大于 0.5m³/（m²·h）；可以达到气密性 8 级，水密性 4 级，抗风压性 4 级，保温性 10 级要求，满足国家被动式门窗产品性能等级要求。表 2-4 为常见的三种超低能耗建筑用门窗代表性产品展示及性能指标列表。

超低能耗建筑用门窗代表性产品展示及性能指标列表　　　　　　　　　　　表 2-4

代表性产品	产品剖面展示	整窗传热系数 K	太阳得热系数 $SHGC$
铝包木门窗	4Low-E+18Ar+4Low-E+18Ar+4 玻璃	0.78 [W/（m²·K）]	冬季≥0.45，夏季≤0.30
塑钢门窗	5Low-E+16Ar+5+16Ar+5Low-E 玻璃	0.8 [W/（m²·K）]	冬季≥0.45，夏季≤0.30

代表性产品	产品剖面展示	整窗传热系数 K	太阳得热系数 $SHGC$
铝合金门窗	 5Low-E+16Ar+5+16Ar+5Low-E 玻璃	0.8 $[W/(m^2 \cdot K)]$	冬季 ≥ 0.45，夏季 ≤ 0.30

3）应用关键点

保温设计作为建筑设计的重要内容之一，其合理的设计可以有效地确保建筑使用质量和耐久性。结合实践经验，总结建筑围护结构保温设计时应注意的几个关键点如下：

（1）安全第一。建筑防火是建筑保温节能设计的重要前提，在进行低能耗围护结构设计的过程中应兼顾建筑防火和建筑节能，选用高防火等级材料，通过有机材料和无机材料相结合的途径，研发保温材料与防火构造相统一的能耗设计策略。

（2）建筑围护结构保温设计应结合建筑类型选择。对于公共建筑，由于建筑的使用功能不同，其能耗特征也不同，围护结构的热工特性对全年的能耗影响有所差异。对于大型商场、大型体育建筑、演出厅类的内区较大的公共建筑，由于其室内发热量相对较大，围护结构传热系数对其供暖空调能耗的影响较小，可以放宽其保温设计的要求，节约成本；对于办公建筑、医院建筑、旅馆建筑、文教建筑类的公共建筑，随围护结构的热工性能改变，其暖通空调能耗变化明显，应严格把控其热工性能设计，尤其传热系数 K 的限制，满足国家及当地的节能设计标准要求。

（3）在外保温体系中，墙面出挑构件、窗框外侧四周墙面，以及天窗和屋面突出物易形成"热桥"，热损失相当可观，原则上应尽量将这些构件减小到最小程度，也可将面接触改为点接触，以减少"热桥"面积。一些非承重的装饰线条，也要尽可能采用轻质保温材料，不可避免时应采取隔断热桥或保温的措施，以减少附件热损失。

（4）外墙采用外保温时，外窗宜靠外墙主体部分的外侧设置，否则外窗（外门）口外侧四周墙面应进行保温处理。

（5）外窗（门）框与墙体之间的缝隙，应采用高效保温材料填堵，不得采用普通水泥砂浆补缝。

（6）变形缝墙应保温，填充保温材料时应填充松散的材料，以保证墙体收缩活动等需要。

在进行建筑保温一体化设计与实践工作时，要合理选取保温材料，做好异常部位的保温工作，加强门窗结构的保温设计，整体提升建筑的保温质量。

5. 排风热回收技术

1）核心内容与应用范围条件

排风热回收技术是指通过热回收装置，在将空调新风与排风进行一次热交换之后，再送入室内。由于新风是室外空气夏季湿热/冬季干冷，而排风是室内空气夏季凉爽/冬季温暖，两者进行热交换后，极大降低了空调供暖系统的新风负荷。

空气—空气的热交换器是排风热回收系统的核心（图2-18）。根据热回收能量的形式，主要可以分为显热回收和全热回收两类。显热回收仅仅是回收新风和排风由于温度差异所产生的那部分能量，而全热回收则是回收新风和排风由于焓值差异（包含热和湿）所产生的那部分能量。在相同的热回收效率下，全热回收装置回收的能量一般要大于显热回收装置回收的能量。

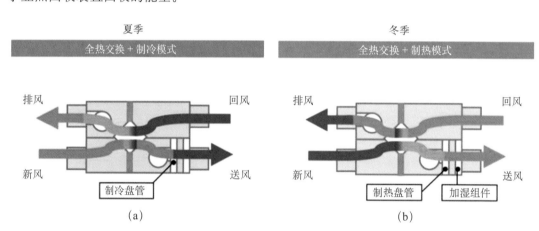

图2-18 排风热回收系统交换原理图

2）应用成效

排风热回收技术在寒冷地区的应用已经较为成熟，在各类型项目中均具备大量应用案例。由于其较好的节能应用效果，该技术已经逐渐由推荐性技术向强制性技术进行转变。例如《北京市公共建筑节能设计标准》DB 11/687—2015，对于是否设置排风热回收系统及其设计最小规模做出了明确的规定（强制执行条款）：

4.4.11　全楼中采用对室内空气进行冷/热循环处理的末端设备加集中新风的空调系统，其设计最小新风总送风量大于等于 $40000m^3/h$ 时，应有相当于总新风送风量至少25%的排风设置集中排风系统，并进行能量回收。当不满足时，应进行空调系统节能权衡判断，权衡判断计算的最终结果必须符合本标准第4.7.2条规定的节能要求。

4.4.12　全空气直流式集中空调系统的送风量大于等于 $3000m^3/h$ 时，应对相当于送风量至少75%的排风进行能量回收。

3）应用关键点

（1）合理选择系统形式

排风热回收的方式很多，不同方式的效率高低、设备费的高低、维护保养的繁简也各不相同。热回收装置有板式热回收、转轮式热回收、热管式热回收、中间热媒式热回收、热泵式热回收，它们的综合比较见表 2-5。项目在设计阶段应根据室内负荷需求、负荷特点、建筑预留土建条件等因素综合考虑热回收方式。

各种热回收装置特点总结　　　　表 2-5

热回收方式	效率	初投资	维护保养	占用空间	交叉污染	抗冻性能	使用寿命
转轮式	高	高	中	大	有	差	良
热管式	中	高	易	中	无	优	优
板式（显热）	低	低	中	大	无	中	优
板式（全热）	中	中	中	大	有	中	良
中间热媒式	低	低	中	中	无	中	良
热泵式	低	高	难	小	无	优	良

（2）迎风面风速控制

通过分析发现，导致热回收效率偏低的原因之一就是迎风面风速过大。图 2-19 为根据某品牌产品性能参数绘制的转轮式热回收效率、风阻与迎面风速的关系曲线。

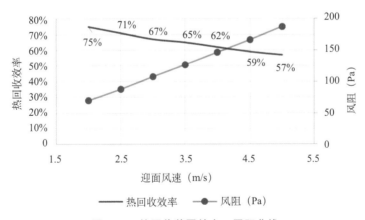

图 2-19　热回收装置效率、风阻曲线

由图 2-19 可见，迎面风速对其效率和通风阻力均有显著影响。比较理想的迎面风速应控制在 2.5m/s 以下，这样热回收装置的效率可达 70% 以上，初始通风阻力不超过100Pa，因此在设计过程中，需要严格按照现有主流产品的性能曲线，核算转轮迎风面风速。

（3）送排风匹配设计

在排风热回收系统中，由于需要维持室内微正压以及存在部分排风无法收集的情况，使得排风热回收装置的设计排风量均小于新风量，一般设计排风量为新风量的80%。根据实测，某项目的转轮装置的排风量仅为新风量的20%。由于排风热回收装置是从排风中回收能量，排风量过低，直接降低了热回收的能量，因此建议合理选择排风收集区域，适当放大排风与新风量的比值。

（4）风系统阻力计算

由于空调机房面积紧张，设置排风热回收装置后接管难度增加，经常会出现如图 2-20 所示的风管无法合理连接的情况。此案例存在风管弯头曲率变径小、风管拐弯180°、用连接箱代替弯头、风管接热回收装置无渐扩管和渐缩管等一系列增加通风阻力的问题，这些阻力如未能纳入计算，则风机无法提供足够扬程，从而会使风量偏小。同时，如果过于保守的考虑风系统中的阻力，选取了远超过实际需求压头的扬程，则会导致风机全压过大，风量大于设计值，迎风面风速过大，最终热回收装置效率偏低及风机功耗偏高。

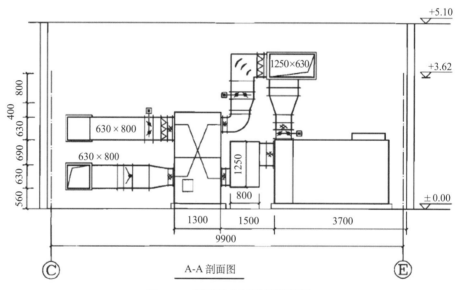

图 2-20　某项目空调机房接管图

（5）气密性设计

热回收装置漏风是指排风在经过热回收装置时，直接通过排风侧与送风侧之间的缝隙，进入送风侧，与新风混合后送入室内的现象。这种情况在大尺寸的转轮装置中，由于设备自身构造问题较易发生。通过测试，北京某酒店的转轮系统排风漏风量占新风侧送风量的50%，北京某办公楼转轮系统排风漏风量占新风侧送风量的17%，北京某商业项目转轮系统排风漏风量占新风侧送风量的18%。

6. 新风除霾技术

1）核心内容与应用范围条件

近年来，国内各大城市空气环境越来越恶劣，北方地区雾霾天气连续，室内空气污染严重。室内颗粒物污染复杂多样，包含室外新风带入的颗粒物、人员活动引起的颗粒物、室内空调通风系统中的粉尘等。传统的开窗通风方式已经十分不可取，单纯的新风换气机和空气净化器也无法满足人们对室内空气品质的要求，新风除霾系统成为改善室内环境的首要选择。

从除尘技术来说，新风除霾净化系统主要有以下三类：

（1）滤网式净化

空气从机器中流过，通过内置的滤网过滤空气，起到过滤粉尘、异味、有毒气体和杀菌的作用。滤网分为初效滤网、去甲醛滤网、中高效 HEPA 滤网、活性炭滤网等。每一种滤网针对的污染源都不相同，过滤的方法也不相同。这种净化方式对于较大颗粒的处理效果较好，后期更换简单、安全；但是后期会有一定的滤网更换费用，使用一定时间后，风阻较大，会影响新风量。

（2）静电式净化

利用静电场使空气电离，从而使尘粒带电吸附到电极上。这种方式好处是终身无耗材，无后期费用，对 PM2.5 等细颗粒物过滤效果佳，风阻小；但需要消耗少量电能，且存在臭氧超标的隐患。

（3）水洗式净化

室外空气从进风口进入，在气液接触室与水接触，空气中的粒子状物质、甲醛等气体状物质被水带走，空气经过干燥模块除湿后再送入室内。这种方式技术新颖，水无缝隙黏性滤尘，处理效率较高；但是目前技术应用成熟度不高，装置比较复杂，可靠性也不高。

鉴于当前正处在以室内空气污染为代表的第三代污染时期，室内空气质量和污染物控制已经成为世界范围内的科研热点问题。室内新风除霾系统对改善室内空气质量、创造健康舒适的办公和住宅环境十分有效，也是十分节能的方法，适用于居室、办公室、医院等许多场所。

2）应用成效

现阶段，我国民用建筑室内新风除霾多采用滤网式和静电式复合净化的方案。图 2-21 为系统中采用的 HEPA 多层复合过滤芯的常见组成方式，主要由四部分滤网组成，包括初效滤网、中效滤网、静电集尘和高效滤网。其中的初效滤网可吸附大颗粒物及毛发，中效滤网可过滤 90% 以上的 PM2.5 颗粒物，静电集尘主要用来吸附病菌等细微微生物，HEPA 高效过滤网可过滤粒径为 0.1μm 的颗粒物。如此，既能保证对大颗粒杂质和 PM2.5 的有效处理，又能延长滤网寿命，降低维护成本。

"三分产品，七分安装"，新风除霾方案与其安装方式息息相关。户式除霾新风机组按安装方式，可分为明装和暗装两种安装方式，其中明装式新风系统有柜式新风和壁挂新风两种，暗装主要为中央新风系统。明装优点是易于后期维护和维修，缺点是比较占用空间；暗装优点是美观、不占用空间，缺点是后期维护较为繁琐。

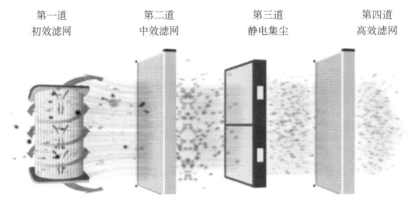

第一道
初效滤网
第二道
中效滤网
第三道
静电集尘
第四道
高效滤网

图 2-21　HEPA 多层复合过滤芯的常见组成方式

气流组织部分，按照送 / 排风系统类型可以分为单向流新风系统和双向流新风系统。

单向流新风系统只设置一套风管，为了保证室内正压，多采用机械送风＋自然排风的形式（图 2-22）。新风从外墙直接引入或通过集中的新风竖井引入，在风机入口设置防雨百叶、电动风阀（寒冷及严寒地区设置防冻保护电动风阀）、过滤装置、净化装置、预热装置、冷热盘管、加湿装置等，实现对新风的过滤净化、控温调湿。这种系统的优点是管道简单，安装方便，成本较低；缺点是无法设置排风热回收装置，新风负荷较大，冬季还需要增加预热处理，系统用电量较高。

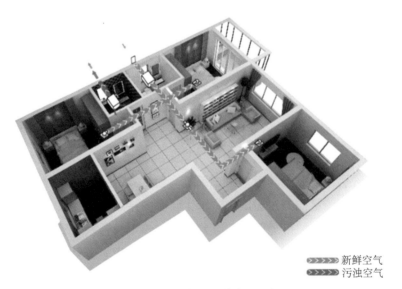

▶▶▶▶ 新鲜空气
▶▶▶▶ 污浊空气

图 2-22　单向流新风系统应用示意图

双向流新风系统设置送风管和排风管（图 2-23）。由送、排风机提供动力，将室外新鲜空气送入室内并将室内污浊空气排至室外，送、排风均经由全热交换器进行能量回收。这种系统的优点是气流组织稳定，可以回收一部分排风热量，新风负荷较小；缺点是机组体积占用空间大，风机噪声略大，成本相对较高。

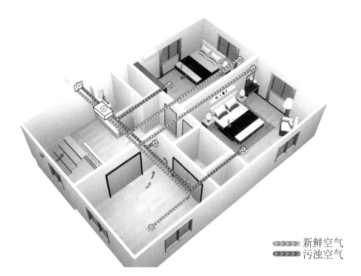

▶▶▶▶ 新鲜空气
▶▶▶▶ 污浊空气

图 2-23　双向流新风系统应用示意图

经调研，这两种新风系统目前市场比例相当，均有一定的应用案例。

3）应用关键点

总结当前室内新风除霾系统的发展情况，给出以下几点应用建议：

（1）新风机组选用方面，应结合机组的新风量、机外余压、噪声、过滤器性能指标等综合选取，保证室内各方面环境的舒适。

（2）新风系统新风量应结合建筑室内气密性控制目标和建筑室内雾霾控制目标等因素进行计算。

（3）北方寒冷地区及严寒地区新风除霾系统宜设置电加热段或排风热回收装置，冬季加热室外新风，避免结露；夏季预冷室外新风，降低负荷。

（4）宜选用低噪声型产品，设置消声装置，将系统的设备主机吊装在库房、阳台、储物间或厨房等非主要功能房间，降低噪声影响。

（5）在设备完成安装后，应对系统新风量总量、风量平衡、风机噪声等进行调试，保证系统的除霾效果和室内空气品质。

（6）可考虑对新风除霾系统进行智能化设计，如：设置室内粉尘、温湿度等传感器，根据空气污染程度和温湿度情况，调节风阀开度，智能控制新风量，节能环保；或将新风系统与空调、加湿机、除湿机等设备联动，全面改善室内空气品质。

2.1.3　夏热冬冷地区

1. 外窗活动外遮阳技术

1）核心内容与应用范围条件

活动遮阳装置是指可通过调节角度或形状改变遮光状态的遮阳装置。外遮阳产品是指安装在建筑围护结构外侧的建筑遮阳装置。中间遮阳装置是指安装在建筑物两层窗或两层玻璃之间的建筑遮阳装置。外窗活动外遮阳主要的技术目标就是尽可能利用太阳光和太阳辐射热正面效用，减少负面效用影响。

常见的活动外遮阳主要包括外百叶帘、外卷帘、机翼型百叶遮阳板、双层玻璃幕墙百叶系统、铝板夹芯百叶卷帘、百叶窗（图 2-24）。

图 2-24　常见的活动外遮阳装置

外窗活动外遮阳适用各种类型建筑，并根据建筑的性质、造型要素、房间使用需求等选用不同型式的活动外遮阳。在夏热冬冷地区，一般应用在建筑东、南、西，尤其是东、西朝向人员使用房间的外窗。

2）应用成效

夏热冬冷地区夏季炎热、冬季寒冷。透过窗户进入室内的太阳辐射热，夏季构成了空调降温的主要负荷，冬季可以减小供暖负荷。所以，在夏热冬冷地区设置活动式外遮阳的作用非常明显，在提高外窗保温性能的基础上灵活控制遮阳是夏季防热、冬季利用太阳辐射热、降低夏季空调冬季供暖负荷的重要措施，可以保证室内热环境质量，改善室内采光质量，提高居住水平。

近年来，我国的遮阳产业有了很大的发展，能够提供各种满足不同需求的产品。同时，随着全社会节能意识的提高，越来越多的居民也认识到夏季遮阳的重要性。夏热冬冷地区各省市在逐步推进建筑节能的过程中，陆续将活动外遮阳作为建筑节能的主要技术措施，尤其在居住建筑中。各省市在居住建筑节能设计标准中都要求在窗墙比大于一定数值时，外窗必须设置活动外遮阳，尤其在上海、江苏、浙江都已将活动外遮阳作为强制设置基本要求，在近些年的居住建筑中已广泛使用了活动外遮阳。在住宅工程中，为了减小室外气候的影响，从室外简易遮阳帘转为遮阳一体化外窗或中置式百叶中空玻璃方式。公共建筑中，建筑师结合建筑造型设计选用较大尺寸的水平百叶、垂直遮阳板等。

3）应用关键点

活动外遮阳应该与建筑外窗同时设计、同时安装、同时验收，避免在主体工程后再安装时，对墙体、保温、装饰等破坏，进而进一步影响建筑的防水、安全等。

加强外遮阳构件自身强度，以应对室外风荷载的影响。活动外遮阳构件应进行结构安全设计，并考虑对主体结构的影响。

活动外遮阳形式应适宜建筑房间功能需求，避免过度设置遮阳带来室内照明增加、供暖能耗增加等负面作用。

设计时需要注意与外窗和外墙的交接做法，在设有保温的条件下，应避免卷帘遮阳的安装对围护结构造成冷热桥。

2. 空调水系统大温差技术

1）核心内容与应用范围条件

国内常规空调设计中，空调冷却水、冷冻水温差为5℃，送风、水温差高于5℃的空调系统可称为大温差系统。大温差系统可分为：大温差冷冻水系统，进出口水温差可达6～8℃；大温差冷却水系统，进出口水温差可达6～10℃；大温差送风系统，送风温差可达14～20℃。此外，还有和冰蓄冷相结合的低温送风大温差和冷冻水大温差系统，风侧温差可达17～23℃，水侧温差可达10～15℃。

目前，国内已有许多工程案例采用了空调水系统大温差技术，如万国金融大厦冷冻水温度参数为6.7℃/14.4℃，冷却水温度参数为40.6℃/30.2℃。

2）应用成效

在空调系统的运行中，水系统的能耗一般占系统总耗电量的15%～20%，而且，夏热冬冷地区的空调系统，全年大部分时间处于非设计工况运行，且运行时间内冷水温差很小，有时候仅为0.5～1℃。在小温差、大流量情况下工作，会造成冷水泵能量的大量损耗。空调水系统大温差技术，其工作特性为大温差、小流量，可减低冷水泵输送能耗，容易满足部分负荷运行的特性，实现系统节能运行。

根据水泵的相似定律，当冷水供回水温差增大一倍时，冷却水泵的运行能耗减少68.5%。同时，大温差冷却水系统可以节约系统的循环水量，相应地，水泵扬程减少且管道尺寸减小，空调冷热水系统循环水泵的耗电输冷（热）比随之减小，同时节约了系统的初投资及运行费用。采用大温差冷却水系统技术，也可以减少冷却塔尺寸，节约冷却塔的占地面积，减少水泵的流量和水管的尺寸。当冷却水温度比常规水温高2℃时，可减少运行费用3%～7%，节省一次投资10%～20%。因此，空调水系统大温差技术在夏热冬冷地区有很高的利用价值。

3）应用关键点

值得注意的是，空调水系统大温差技术由于温度较低，管道系统和各设备结露的可能性增大，对系统的保温提出了更高的要求。同时，空调水系统大温差对冷水机组和空调末端装置也有一定的影响。冷冻水温度升高时，虽然冷水机组能效比提高，但由于提高了冷冻水的供回水温度，导致末端装置的一次投资和运行费用可能增加。因此，其节能效果需要根据具体项目进行具体分析和比较。同时，使用空调水系统大温差技术时，需注意供回水温度的选取，送风状态点和表冷器是决定水温的关键因素。建议遵循先确定送风状态点，再选表冷器，最后选冷水机组方案的设计流程。以一次回风空调系统为例（图2-25），送风状态点要求回水温度小于等于13℃，空气处理机组要求温差小于等于8℃，并且冷水机组要求出水温度大于4℃，温差小于等于10℃。综合以上因素，采用空调水系统大温差技术的冷冻水供回水温度建议为5/13℃。

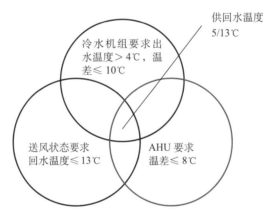

图2-25　空调水系统大温差技术的冷冻水温差确定

3. 风冷热泵应用技术

1）核心内容与应用范围条件

风冷热泵是一种以空气为低温热源对建筑进行制冷和供暖的技术，具有环保节能等显著特点。

从风冷热泵的运行经验看，对于气候适中，供暖度日数（以18℃为基准）小于3000的地区，采用风冷热泵较为经济。由于夏热冬冷地区的供暖度日数（以18℃为基准）基本在800～2000，因而比较适合风冷热泵的应用。

由于以随处可得的空气作为热源，风冷热泵安装使用不受地点限制，因而成为国内外应用最广泛的热泵技术。同时，风冷热泵机组没有锅炉和冷却塔等辅助设备，省去了冷冻机房、锅炉房的建筑面积，特别适用于城市繁华地段的建筑或无条件设锅炉房的建筑。风冷热泵机组属中小型机组，适用于200～10000m² 的商业建筑、办公建筑、医疗建筑等。

2）应用成效

由于受国家经济发展水平的限制，夏热冬冷地区长期以来是非供暖区。过去一般建筑只采用单冷机组实现夏季供冷，忽略了冬季供暖问题。

风冷热泵工作温度范围大，夏季制冷 25 ～ 40℃，冬季制热 −15 ～ 20℃；在夏季额定工况下制冷系数 COP 值达 3.2；在冬季额定工况下（如不计化霜损失），制热系数在 3.0 左右。也就是在冬季采用风冷热泵消耗 1kW 的电能可得到 3kW 以上的热量，可行之有效地解决冬季供暖问题。风冷热泵机组的一次能源利用率可达 90%，节约了能源消耗，大大降低了用户成本。在使用风冷热泵机组作为冷热源时，按照夏热冬冷地区的夏季供冷需求选取热泵容量，一般不需加辅助热源就可完全满足冬季供暖要求。

3）应用关键点

除霜技术：风冷热泵机组在冬季运行时，换热盘管表面温度低于 −2℃ 时开始结霜。随着霜层的增厚，盘管的传热效率将降低，空气阻力增加，严重时导致盘管冻结，使机组无法运行。机组结霜与空气湿度参数有较大的关系。夏热冬冷地区冬季室外温度较高（一月平均气温 0 ～ 10℃），大部分地区因结霜带来的效率损失并不严重，特别是机组在白天运行时结霜损失更小。但在某些相对湿度较大的地区如长沙等地区，使用风冷热泵应具有良好的除霜措施，否则将影响冬季的供热效果。有相关案例显示，某项目冬季风冷热泵机组频繁启动除霜，导致耗电量大且制冷效果不理想，因此合理制定除霜程序，既可以避免机组频繁启动除霜又可以有效提高供热效率。推荐的机组除霜控制要求是蒸发器表面温度低于 −5℃，当压缩机连续运行时间超过 5min，压缩机累计运行时间达到 40min 后开始除霜。

风冷热泵机组布置：在许多实际工程中，由于设计者忽略对机组布置的考虑，使其通风条件差、气流回流、热短路现象明显，主机因过热保护而停机频繁，严重影响机组的出力。风冷热泵机组应尽可能布置在进风、排风通畅的室外，风速不应太大（3 ～ 4m/s），排风也不应受到阻挡。同时，热泵机组间距应尽量加大，避免气流短路或出现冷热量堆积的现象，间距适当加大也有利于日后的机组维修管理。

4. 太阳能和空气源热泵联合加热技术

1）核心内容与应用范围条件

太阳能和空气源热泵联合加热技术是指通过太阳能集热器和空气源热泵串联设置，将太阳能和空气能转换成热能，来进行联合供热，比如供空调制热或热水加热。目前实际工程中，相比于空调制热，太阳能和空气源热泵联合供应生活热水的技术较为普遍。

对于住宅、医院、宿舍等有稳定热水需求的建筑，有条件时采用太阳能和空气源热泵联合供热水系统，可以充分利用太阳能和空气能，从而减少煤、天然气等传统能源的使用，节约用能的同时，还能减少碳排放，具有良好的经济和环境效益。

太阳能和空气源热泵联合供热水系统（图 2-26）适用于太阳能辐照良好，且属于夏热冬暖、夏热冬冷或温和地区的工程项目。空气源热泵的性能参数 *COP* 受空气温度、湿度变化影响大，寒冷地区的空气源热泵性能参数 *COP* 较低，节能效果较差，一般较少采用。

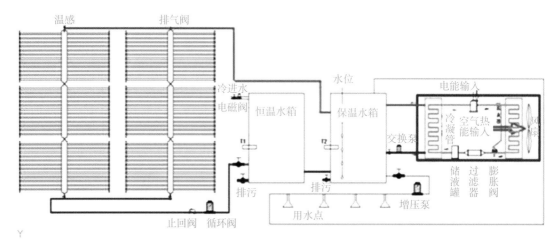

图 2-26　太阳能和空气源热泵联合供热水系统原理图

2）应用成效

电能、燃油、燃气等传统的热源不仅消耗大量的能源，还会引起环境污染，太阳能和空气源热泵联合供热水系统，能有效利用太阳能和空气能两种清洁能源，大大减少碳排放，减少建筑能耗，提高环境质量。

单纯的空气源热泵热水系统在室外环境温度较低时，容易产生结霜的问题，但与太阳能联用后，在冬季室外气温较低时，开启太阳能作为辅助热源，可有效解决化霜和气温低引起热泵效率降低的问题。在夏季太阳辐照强度足够时，通过开启太阳能和蓄热设备可以避开电力使用高峰时段。相较于单一的太阳能热水系统，空气源热泵充分利用了室外空气热能，可以有效解决太阳能不稳定以及太阳能集热器设置面积不足的难题。

3）应用关键点

由于太阳能和空气能都会受到天气的影响，因此整个太阳能和空气源热泵联合供热水系统仍旧需要设置辅助热源，以保证热水供应的稳定性。目前工程实践中通常采用空气源热泵内置电辅热的形式。辅助热源的设置，一方面是为了保证热水供应的稳定性，但另一方面，也对太阳能和空气源热泵联合供热水系统的实际运行效果提出了更高的要求，因为如果不能充分发挥太阳能集热和空气源热泵加热的作用，而过分依赖辅助热源的使用，则失去了节约能源的作用。因此，对于太阳能和空气源热泵联合加热技术，如何最大限度地提高太阳能集热效率和空气源热泵性能参数 *COP*，是本技术应用的关键点。

5. 双层呼吸式幕墙通风技术

1）核心内容与应用范围条件

双层呼吸式幕墙又叫通风幕墙、节能幕墙等，它由内外两道幕墙组成，内、外层结构之间形成一个室内外之间的空气缓冲层。夏季炎热时期，在较强的太阳光照射下，空腔温度升高，由于"烟囱效应"使热气流上升通过出风口排出室外，空气在夹层内流动，可以促进室内自然通风，平衡室内温湿度。

另外在寒冷季节，双层幕墙关闭外层幕墙的通风口，幕墙内的空气在阳光照射下升高，能够形成"温室效应"，减少室内外温差，也降低室内温度向外界传递的热量，提高围护结构的保温效果，减少房间的供热负荷。双层幕墙还能提供一个保护空间安装遮阳装置，获得比内置百叶更好的遮阳效果。

双层呼吸式幕墙根据空腔内的循环通风方式不同可分为外循环式双层呼吸式幕墙和内循环式双层呼吸式幕墙。其中外循环式双层呼吸式幕墙，是指室外空气从外层幕墙的下通风口进入空腔，从外层幕墙的上部排风口排出。经统计发现，现有的双层呼吸式幕墙建筑中外循环自然通风为最普遍的设计形式。内循环式双层呼吸式幕墙（图 2-27），是指空气从内层幕墙的下通风口进入空腔，上升到上部排风口，从吊顶内的排风管排出。内循环式双层呼吸式幕墙对供暖地区更为有利。由于内通风需要机械设备和光电控制百叶卷帘或遮阳系统，因此对技术有较高的要求，使用费用也会偏高。

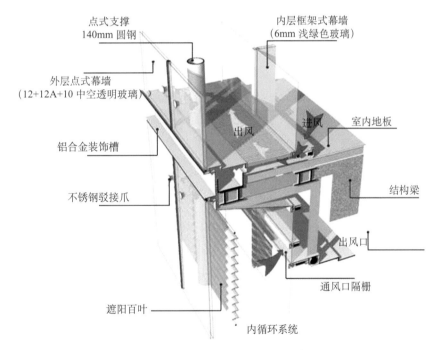

图 2-27　内循环式双层呼吸式幕墙

2）应用成效

夏热冬冷地区夏季闷热潮湿，冬季阴冷潮湿，因此自然通风技术对夏热冬冷地区尤为重要。双层呼吸式幕墙不仅能有效促进夏季、过渡季节自然通风，还能起到隔热、保温、遮阳的作用，有效的改善室内空气质量，降低建筑能耗，达到节能的目的。

虽然双层呼吸式幕墙在国内才刚刚起步，但随着国家对节能和绿色的倡导，双层呼吸式幕墙的节能潜力也越来越被发掘和利用。双层呼吸式幕墙在国内的应用经证明也取得很好的效果，越来越被广大建筑师接受和有效利用。

3）应用关键点

通风结构的设计应考虑建筑楼层的不同高度（因楼层高度的不同会产生不同的烟囱效应），抗震要求，风压影响，进、出风口的沙尘滤网的"目数"（一般由计算得出）等因素，同时在各高度段之间设计上下两个鱼嘴通风构件，以完成不同分段间的"烟囱效应"。

双层呼吸式幕墙之间腔体高度和宽度均应进行计算，腔体的宽度应考虑一个正常人可以进入；进、出风口面积比的设计，应考虑到气候温度与温差变化、外界风力和进、出风口的压力等因素的影响，将其控制在一定比例之间。

双层呼吸式幕墙为防止蚊虫进入幕墙内的空气层，百叶内侧加设不锈钢防虫网；为防止灰尘大量进入室内，在通风口处设置防尘装置。

双层呼吸式幕墙进风口铝合金下方设保温岩棉层，出风口铝合金百叶上方设置保温岩棉层，进风口和排风口之间用竖向保温岩棉层断开，保温岩棉层与交界处打防火密封胶密封。

2.1.4 夏热冬暖地区

1. 隔热通风技术

1）隔热通风技术的定义、特点及分类

夏热冬暖地区，其气候特征是炎热潮湿，所以建筑隔热通风是夏热冬暖地区建筑节能技术的关键，也是地理气候决定的长期积累的有效技术。

建筑隔热通风技术的特点：（1）有效减少太阳辐射；（2）减小室外热环境对室内环境的影响；（3）降低能耗。

隔热通风技术的分类：（1）隔热。①遮阳型隔热：减少太阳辐射达到隔热效果。②结构构造型隔热：反射可见光和红外线（图2-28），或具有低导热系数隔绝热传导。

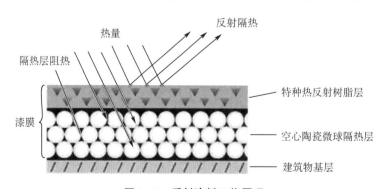

图 2-28　反射涂料工作原理

（2）通风。①热压通风：是指利用冷、热空气形成的压力差形成自然通风。②风压通风：是指利用自然风在建筑物迎风面和背风面形成的正、负压差。

2）隔热通风技术的应用范围及案例

（1）遮阳型隔热的应用有垂直绿化、屋顶绿化、双层屋面、屋顶遮阳等。法国的绿屋顶中学就是屋顶绿化 + 生态墙的复合应用实例（图 2-29），日本的浮动芦苇双层屋顶是屋顶遮阳 + 双层屋顶的应用（图 2-30）。

图 2-29　法国绿屋顶中学（屋顶绿化 + 生态墙）

图 2-30　日本浮动芦苇双层屋顶（屋顶遮阳 + 双层屋顶）

（2）结构构造型隔热的应用有反射隔热涂料、断热铝合金窗框、低辐射镀膜玻璃（LOW-E 中空玻璃）等。

（3）热压通风的应用有天井、中庭、冷巷等，风压通风的应用有天窗。大部分情况下为热压风压综合作用，也有机械式通风。应用实例有大堂 + 中庭 + 天窗、双层通风幕墙等。著名的双层幕墙建筑有中国石油大厦、杭州市民中心等。

3）隔热通风技术的效果及不足

（1）垂直绿化屋顶等简单实用，但是对外立面影响较大，需要长效的管理机制。

（2）反射隔热外墙涂料可以有效减少太阳辐射、降低能耗（图 2-31），简单容易操作，综合造价低；不足之处是颜色的选择较少。

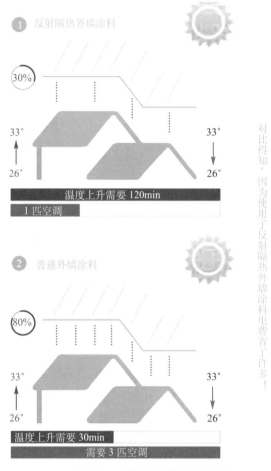

图 2-31　反射隔热涂料效果对比

（3）双层幕墙通风系统在降温降噪方面效果显著，但是技术较复杂，造价高，消防问题较多。

2. 外遮阳技术

1）外遮阳技术的定义、特点及分类

遮阳挡雨、御寒避暑是建筑起源的根本缘由，遮阳是建筑的基本功能之一。外遮阳是在户外设置绿化植物、人工构件等遮阳设施，具有自然节能的功效。对于夏热冬暖地区，由于日照时间相对较长，所以建筑遮阳对于减少夏季热辐射、调节室内自然舒适度非常有利。

建筑遮阳技术的特点：（1）阻隔室外部分的热量进入室内，减小室外热环境对室内环境的影响；（2）避免产生太阳光的眩光效果；（3）美化装饰建筑外立面。

外遮阳技术的分类：（1）植物遮阳——建筑周围种植乔灌木，以达到遮阳效果。（2）人工构件遮阳。①按物体位置可否移动，分为固定式遮阳、活动式遮阳；②按构件与外窗玻璃的相对位置，分为内、中、外遮阳；③按不同的使用要求，分为水平式遮阳、垂直式遮阳、综合式遮阳、挡板式遮阳（图 2-32）。

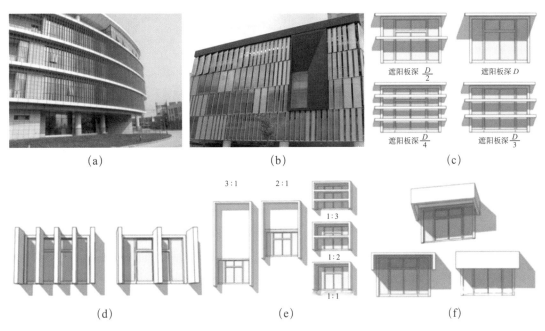

图 2-32　人工构件遮阳示意图

(a) 固定式遮阳；(b) 活动式遮阳；(c) 水平式遮阳；(d) 垂直式遮阳；(e) 综合式遮阳；(f) 挡板式遮阳

2）外遮阳技术的应用范围及案例

（1）外遮阳技术的应用范围

遮阳设计应进行夏季和冬季的阳光阴影分析，以确定遮阳装置的类型。

建筑外遮阳的类型可按下列原则选用：①南、北向宜采用水平式遮阳或综合式遮阳；②东、西向宜采用垂直或挡板式遮阳；③东南、西南向宜采用综合式遮阳。

（2）外遮阳技术的案例

①固定式外遮阳设施具有很好的外观可视性，一般用于外围护结构立面或顶面。

②活动式外遮阳可以根据太阳与建筑的相对位置、建筑使用需求等进行灵活调节。主要分为卷帘、百叶和遮阳篷等。

③内置百叶中空玻璃窗，在中空玻璃窗的空气夹层中内置可调节百叶（图 2-33），通过电动（或手动）装置调节叶片的角度、百叶的收放来达到遮挡阳光的目的。

④植物遮阳。利用绿化的特性做遮阳。

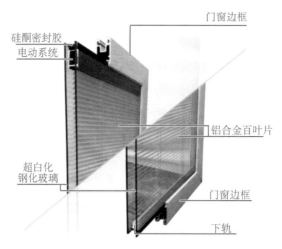

图 2-33　内置百叶中空玻璃

3）外遮阳技术的效果及不足

（1）外遮阳技术的效果：①固定式外遮阳，与活动外遮阳相比，构造比较简单，价格也较便宜，并且在阻挡直射阳光上很有效，但在阻挡散射和反射光上不是很有效。②活动外遮阳，能对散射辐射和眩光有较好的控制，可以根据建筑功能的需求进行调节，尽可能地满足室内自然采光和热环境的要求，实现视觉和热环境的舒适性。

（2）外遮阳技术的不足：①外遮阳与室内接受外界天然采光存在一定的矛盾，遮阳设施有挡光作用，从而降低室内照度。外遮阳设施尺寸越小越密，对视线遮挡效应越大。②外遮阳直接暴露在室外，对材料及构造的耐久性有一定的损耗。③外遮阳材料与构造措施使用单一，与建筑外立面没有较好的一体化设计，破坏建筑的整体效果。

3. 区域智慧能源技术

1）区域智慧能源概念

区域供暖、区域供冷、区域供电以及解决区域能源需求的能源系统和它们的综合集成统称为区域能源（图 2-34）。区域可以是行政划分的城市和城区，也可是一个居住小区或一个建筑群，还可是特指的开发区、园区等。能源系统可以是锅炉房供热系统、冷水机组系统、热电厂系统、冷热电联供系统、热泵供能系统等。所用的能源还可以是：燃煤系统、燃油系统、燃气系统、可再生能源系统（太阳能热水系统、地下水源热泵系统、地表水源热泵系统、污水源热泵、土壤源热泵系统、光伏发电系统、风力发电系统等）、生物质能系统等。

区域智慧能源具有一定相似性的区域中，以电为核心、智能电网为基础、清洁能源为主导，采用先进的信息通信技术和电力电子技术，将电、气、热、冷等能源网络中生产、传输、存储、消费等环节有机互联，以实现能源统筹优化配置、多能耦合互补、清洁、高效、经济、便捷的一体化智慧能源生态系统。发展区域智慧能源符合我国节能减排计划要求，能够有效缓解环境压力，缓解能源短缺，提升人民生活品质。

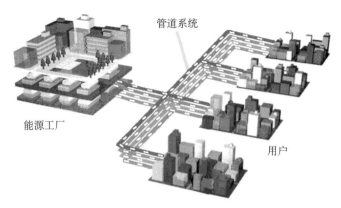

管道系统

能源工厂

用户

图 2-34　区域能源系统示意图

2）区域智慧能源技术的主要应用案例

（1）珠海横琴综合智慧能源项目

国家电投珠海横琴岛多联供燃气能源站项目是国务院常务会通过的《横琴总体发展规划》中明确的横琴岛四大基础建设项目。本项目将增强电网供电能力，优化调整电源结构，满足横琴新区开发建设对集中供冷供热的需求，促进节能减排；同时项目也留有未来向澳门岛提供多联供服务的可能性。本项目包括两个大的部分，即电厂和供热供冷系统。2014 年 11 月电厂已经实现并网发电；2016 年 4 月供热供冷系统中 3 号冷站也已经实现供冷。

（2）深圳前海新区智慧能源站项目

前海合作区域 10 个集中供冷项目，倾力打造世界级规划规模的区域集中供冷系统，为区域内企业提供高品质、专业化供冷服务。未来，前海能源将进一步推动区域能源的综合开发利用，发展低碳经济，积极探索适应区域可持续发展的能源综合服务模式。同时携手供电、供气等服务公司打造前海多能协同集成调度平台，形成前海区域智慧能源服务网，统筹推进前海片区整个绿色能源体系建设。

（3）广州珠江新城集中供冷项目

供冷范围：地下空间集运系统、地下空间商业中心、西塔 - 广州国际金融中心、广州歌剧院、广州图书馆、博物馆、广州市民广场——海心沙。

3）区域智慧能源技术应用存在的问题

（1）巨大的初投资

在这个现实世界中没有任何一种工程解决方案是完美无缺的，这句话同样也适用于区域能源技术。巨大的初投资使得仿佛可以引领能源革命的区域能源技术蒙上了经济是否可行的巨大的疑惑阴影，这一缺陷尤其在一个已经建立好能源解决方案的地区想进行能源技术升级、改进的情况下显露无遗。而如果是在一个新建的集中商业区（CBD）的能源设计时就考虑这种方案，这种缺点可以降到最低。

（2）复杂的商业管理

除了每一个成功的区域能源工程都要考虑当地各种外部情况和条件等复杂性外，最难掌握的还是采取最适当的管理方式，其中包括在不同的地区对不同的客户签订不同的冷量价格的合同，步步为营模块式的设计战略可避免系统的制冷能力和传输能力设计过大，准确的长期预测和适当的短期建设的成功结合可避免出现短期内初投资无法产生效益而带来的投资风险等。由于多种因素的共同影响，一个成功的、赚钱的区域能源的商业管理模式是非常难得和不能在其他地方按部就班照抄的，成功的技术设计但失败的管理导致赔钱的区域能源工程并非在少数。

（3）潜在的环境问题

虽然节能和制冷剂的减排带来了可观的环境效应，但是当采用利用低温海水或湖水，抑或是采用蓄水层中的冷水进行廉价冷却的时候，所带来的环境污染和水温升高后的潜在的生态污染还应该经过谨慎的论证后才能确定最终的能源方案，毕竟要遵守"科技以人为本"的设计方针。

（4）潜在的美观和娱乐问题

同样，如果采用海水或湖水的廉价冷、热量进行区域能源供应，巨大的能源管道会造成视觉污染，而且浮在水面的输水管道还会迫使以娱乐为目的的行船被迫改变航向。

4.蓄能供冷供热技术

1）蓄能供冷供热技术概念

所谓蓄冷蓄热技术，就是将电网负荷低谷段的电力用于制冷和制热，利用诸如水或者优态盐等介质的显热和潜热，将冷量和热量储存起来，而在电网负荷高峰段再将冷、热量释放出来，作为空调或其他需要的冷、热源。蓄能供冷供热技术可承担用电高峰段全部或者部分的冷热负荷，从而可使制冷机组的装机容量、供电设备容量减少30%～50%，在当地实行峰谷电价差的情况下，可节省大量的运行费用。另外通过移峰填谷，可提高电厂的利用率、稳定性和运行效率。

2）蓄能供冷供热技术主要应用实例

蓄能供冷供热技术最早出现于20世纪30年代，20世纪70年代全球能源危机爆发，蓄能供冷供热技术在欧美发达国家得到迅猛发展，大量应用于各种建筑。我国20世纪90年代初开始引入蓄冷空调技术。21世纪初开始，随着我国经济的飞速发展，能源紧张开始凸显，蓄能供冷供热技术在我国逐步得到越来越多的应用，冰蓄冷、水蓄冷、水蓄热等技术大量应用于大型的写字楼、综合体、酒店、医院等项目（图2-35）。

3）蓄能供冷供热技术存在的不足

（1）对单个项目来说，蓄能供冷供热系统较常规制冷制热系统初投资较高。

（2）对单个项目来说，蓄能供冷供热技术省钱不省电，全年耗电量较大。

（3）系统异常复杂、庞大。蓄能供冷供热系统除了通常的制冷、制热系统和设备外，还配备复杂的蓄能（蓄冰、蓄水等）设备。

（4）由于系统复杂，特别是蓄能设施庞大，因此占地面积很大，其所占用的大量建

(a)

(b)　　　　　(c)　　　　　(d)　　　　　(e)

图 2-35　蓄能供冷供热技术应用实例

(a) 广州珠江新城区域供冷项目（冰蓄冷）；(b) 深圳平安金融中心；(c) 上海中心；(d) 北京中信大厦；(e) 阿联酋哈利法塔

筑面积显著增加了客户的机会成本。如果该部分建筑改作他用，如地下车库、地下商场等，将给业主带来显著的经济收益。

（5）由于系统复杂，调控技术要求高，对管理维护人员要求高，否则无法达到经济运行。

5. 水源热泵和热泵热回收技术

水源中央空调系统以地表水为冷热源，向其放出热量或吸收热量，不消耗水资源，不会对其造成污染；省去了锅炉房及附属煤场、储油房、冷却塔等设施，机房面积远小于常规空调系统，节省建筑空间，也有利于建筑美观。

机组以水为载体，冬季采集来自湖水、河水、地下水及地热尾水，甚至工业废水、污水的低品位热能，借助热泵系统，通过消耗部分电能，将所取得的能量供给室内取暖；在夏季把室内的热量取出，释放到水中，以达到夏季空调的目的。该水源热泵机组具有设计标准、选择优良、操作简便、安全可靠等优点。图 2-36 为水源热泵系统使用模式。

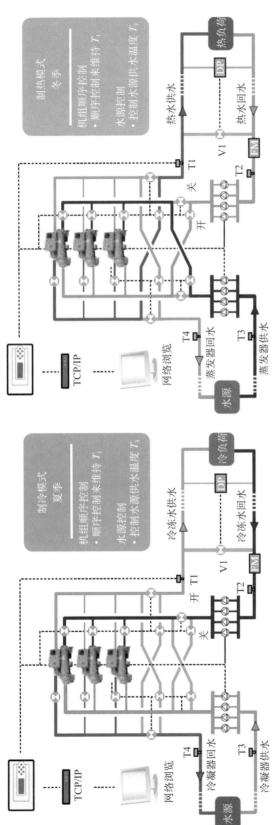

图 2-36　水源热泵使用模式

由于水源热泵机组技术利用地表水作为空调机组的制冷制热源，所以其具有以下优点：

1）环保效益显著

水源热泵机组是利用地表水作为冷热源，进行能量转换的供暖空调系统。供热时省去了燃煤、燃气、燃油等锅炉房系统，没有燃烧过程，避免了排烟污染；供冷时省去了冷却水塔，避免了冷却塔的噪声及霉菌污染。无任何废渣、废水、废气和烟尘，使环境更优美。

2）高效节能

水源热泵机组可利用的水体温度冬季为 12～22℃，水体温度比环境空气温度高，所以热泵循环的蒸发温度提高，能效比也提高。而夏季水体为 18～35℃，水体温度比环境空气温度低，所以制冷的冷凝温度降低，使得冷却效果好于风冷式冷水机组和冷却塔式水冷式冷水机组，水源热泵机组效率提高。据美国环保署 EPA 估计，设计安装良好的水源热泵机组，平均来说可以节约用户 30%～40% 的供热制冷空调的运行费用。

3）运行稳定可靠

水体的温度一年四季相对稳定，其波动的范围远远小于空气的变动，是很好的热泵热源和空调冷源。水体温度较恒定的特性，使得水源热泵机组运行更可靠、稳定，也保证了系统的高效性和经济性，不存在空气源热泵机组的冬季除霜等难点问题。

4）热泵和热回收的应用

水源热泵系统可通过大自然水这个媒介进行换热并且可以增加热泵回收装置对制冷时段释放的热量重新进行热回收（图 2-37），对整个建筑可供暖、供冷，还可供生活热水，一机多用，一套系统可以替换原来的锅炉加空调的两套装置或系统。特别是对于同时有供热和供冷要求的建筑物，水源热泵有着明显的优点，不仅节省了大量能源，而且用一套设备可以同时满足供热和供冷的要求，减少了设备的初投资。其总投资额仅为传统空调系统的 60%，并且安装容易，安装工作量比传统空调系统少，安装工期短，更改安装也容易。

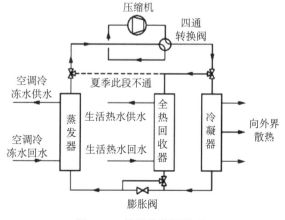

图 2-37　热回收装置原理

热泵热回收设备与上述的水源热泵机组则组成了水源热泵热回收机组（图2-38），该机组不仅能满足用户夏天制冷，冬天供暖的需求，同时如需要，机组可制取高达60℃的生活热水，充分显示了机组一机多用的功能特性，并能显著地节省系统运行成本。在冬季，配合空气源热泵和蓄热水箱，保证室内热水的稳定性和水温要求。

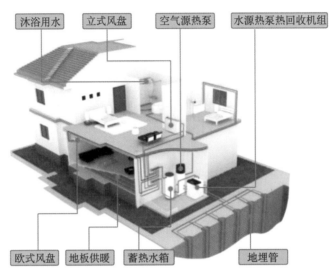

图 2-38　水源热泵热回收机户内示意图

虽然水源热泵理论上可以利用一切的水资源，其实在实际工程中，不同的水资源利用的成本差异是相当大的，所以在不同的地区是否有合适的水源成为水源热泵应用的一个关键。水源热泵利用方式中，闭式系统一般成本较高；而开式系统，能否寻找到合适的水源就成为使用水源热泵的限制条件。对开式系统，水源要求必须满足一定的温度、水量和清洁度。

对于从地下抽水回灌的使用，必须考虑到使用地的地质的结构，确保可以在经济条件下打井找到合适的水源，同时还应当考虑当地的地质和土壤的条件，保证用后尾水的回灌可以实现。

投资的经济性也受到不同地区、不同用户及国家能源政策、燃料价格的影响，一次性投资及运行费用会随着水源的基本条件的不同、用户的不同而有所不同。虽然总体来说，水源热泵的运行效率较高、费用较低，但与传统的空调制冷取暖方式相比，在不同地区不同需求的条件下，水源热泵的投资经济性会有所不同。

6. 雨水回收与利用科技

1）雨水回收与利用科技的概述

（1）技术定义

指通过雨水收集管道收集雨水—弃流截污—雨水收集池储存雨水—过滤消毒—净化回用，收集到的雨水用于景观环境、绿化、洗车场用水、道路冲洗、冲厕等，如图2-39所示。

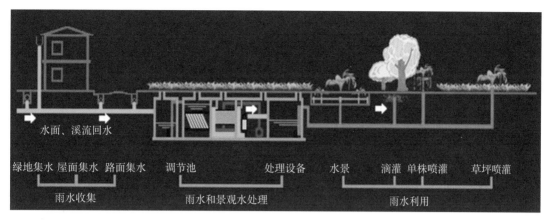

图 2-39　城市雨水收集与利用系统

（2）技术原理

通过雨水管网收集后的雨水，经过弃流装置拦截初期雨水排入市政污水管网，保障较好水质的雨水径流进入后续储存回用设施，回用时根据不同的回用水质要求进行处理。水质处理方式一般有沉淀、普通过滤、快速过滤等，当雨水回用对水质要求较高时，需根据使用情况进行深度处理。

2）雨水回收与利用科技的效益

（1）直接效益：雨水的收集利用系统（图 2-40）能部分或全部满足日常景观环境、绿化、洗车场、道路冲洗等用水量需求，从而减少用户对市政自来水用量，一次投资，长久受益。

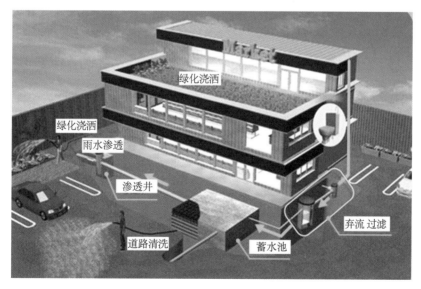

图 2-40　建筑雨水收集与利用系统

（2）间接效益：总量上减少排入市政管网的雨水量，减轻城市管网压力，解决城市现存的洪涝灾害问题；雨水的收集利用能有效缓解水资源紧缺压力，改善城市水资源短缺的状况，减轻城市生产及生活用水紧张的困扰，也是我国实现整体海绵城市建设的一项重要措施。

3）雨水回收与利用科技的应用

雨水回收与利用在学校、住宅、展览、办公、工厂等建筑中应用越来越普及（图2-41）。应用设计中应尽可能避免电气设备的使用，更多利用雨水自流的特点完成污染物的自动排放、净化、收集，做到真正节能、环保、高使用寿命、低成本。

图 2-41　雨水收集与利用系统实例

(a) 五邑大学策文商学院；(b) 佛山招商曦岸；(c) 深圳华强城市花园；(d) 深圳阳基商业广场；(e) 深圳华联城市商务中心；(f) 海纳百川总部大厦

 ## 2.2　各建筑类型科技

2.2.1　住宅建筑可持续技术

1. 大空间

大空间指住宅套型设计采用大空间布置方式，以适应家庭全生命周期不同阶段的生活变化需求，在标准化基础上，将功能空间或套型等作为基本模块进行设计。其中，基本模块应满足下列要求：标准化与系列化、空间灵活可变性、部品部件的通用化。

大空间套型平面宜规整，并应采用轻质隔墙划分套内空间。其套内空间设计时宜优先确定厨房、卫生间和收纳等功能空间的形式及尺寸，将用水空间集中布置，并应结合结构、功能和管线管井要求，合理布置厨房和卫浴的位置。共用设备及管线应集中布置，共用管线和管道井应设置在共用空间。建筑填充体应满足居住空间适应性要求，并应满足空间灵活布置以及便于后期维护改造的要求。

2. 整体卫生间

整体卫生间指由工厂生产的楼地面、吊顶、墙面（板）和洁具设备及管线等集成并主要采用干式工法装配而成的卫生间。整体卫生间应与住宅套型设计紧密结合，并根据功能确定合理的尺寸。

整体卫生间应优先采用干湿分区方式，内拼式部品安装，给水排水、通风和电气等管道管线应在其预留空间内安装完成，并在与给水排水、电气等系统预留的接口连接处设置检修口。

整体卫生间一般宜采用同层排水方式。当采取结构局部降板方式实现同层排水时，应结合排水方案及检修要求等因素确定降板区域。降板高度应根据防水盘厚度、卫生器具布置方案、管道尺寸及敷设路径等因素确定，架空层地面完成面高度不应高于套内地面完成面高度。

整体卫生间内不得安装燃气热水器。可设置供暖设施，但不宜采用低温地板辐射供暖系统。

3. 整体厨房

整体厨房指由工厂生产的楼地面、吊顶、墙面等厨房结构、厨房家具、厨房设备和厨房设施及管线等集成并主要采用干式工法装配而成的厨房。整体厨房应与住宅套型设计紧密结合，并根据功能确定合理的尺寸。

整体厨房工程所用材料应按照设计要求和现行相关标准进行防火、防腐和防蛀处理，厨房天棚、地面、墙面宜采用 A 级防火材料，厨房内配电箱不应直接安装在燃烧性能等级低于 B1 级的装饰材料上。

整体厨房对易造成儿童伤害的部位应加防护装置，对易造成儿童伤害的物品应设计在确保儿童无法打开和放置在儿童无法拿到的高度空间内。

整体厨房应设可开启外窗，并安装城镇燃气 / 烟气（一氧化碳）浓度检测报警器和紧急切断阀。

4. 全龄化安全空间

公共区域的墙面或者易接触面不应有明显棱角或尖锐突出物，保证使用者，特别是行动不便的老人、残疾人、儿童行走安全。

出入口、门厅、走廊、楼梯、电梯等公共空间形成连续的无障碍通道，符合现行国家标准《无障碍设计规范》GB 50763—2012 中的相关规定，可满足老人，行为障碍者，推婴儿车、搬运行李的正常人的使用需求。

场地范围内的人行通道应与城市道路、场地内道路、建筑主要出入口、场地公共绿地和公共空间、停车场所和公共交通站点等相连通、连续，保证无障碍步行系统的连贯性。行人和机动车路线完全分离；路面平均照度、路面最小照度和垂直照度应不低于现行行业标准《城市道路照明设计标准》CJJ 45—2015 的规定。

道路系统应保证救护车辆能停靠在建筑的主要出入口处，且应与建筑的紧急送医通道相连。2 层及以上楼层、地下室、半地下室应设无障碍电梯，无障碍电梯由地下室直达各层，且至少 1 台能容纳担架。可容纳担架的电梯的轿厢尺寸应满足以下要求：宽轿厢宽度尺寸不应小于 1600mm，深度尺寸不应小于 1500mm；深轿厢宽度尺寸不应小于 1100mm，深度尺寸不应小于 2100mm；开门宽度不应小于 900mm。

室内外地面或路面的防滑等级应符合现行行业标准《建筑地面工程防滑技术规程》JGJ/T 331—2014 的规定，并相应设置防滑措施。地面应平整防滑、排水畅通，当有坡度时，坡度不应大于 2.5 %。

满足乘坐轮椅的特殊人群要求的居室、卫生间、厨房内应留有轮椅回转空间，主要通道的净宽不应小于 1.05m，卫生间、厨房的净宽不应小于 2000mm，且轮椅回转直径不应小于 1500mm。

5. 既有住宅加装电梯

既有住宅加装电梯的适用范围为住宅层数不应大于 9 层，且建筑高度不应大于 27m。既有住宅加装电梯应遵循安全、节能、环保、经济等原则。

加装电梯的井道可采用钢结构、混凝土框架结构或砌体结构，井道与连廊等新增建（构）筑物的设计与施工应符合国家现行有关标准规定。电梯井道的顶部与外围护结构应具有较好的隔热性能，不宜采取玻璃等非隔热材料。电梯井道应采取通风措施。当采取自然通风时，其风口应分别设置在井道的顶部、下部，风口面积不应小于 $0.6m^2$，风口处应设置具有钢丝网的防雨百叶窗，且具有关闭功能。

既有住宅加装电梯应合理避让管线；当不能避让时，应按相关规定挪移管线或采取技术措施保证管线正常使用。

既有住宅加装的电梯宜采用无机房的电梯。电梯的额定速度不宜大于 1m/s，额定载重量不宜大于 800kg，驱动主机应采用无齿轮曳引机。

轿厢地面材料应防滑；净深不宜小于 1100mm，净宽不宜小于 1100mm，净高不宜小于 2300mm；应设扶手，扶手应位于 850 ～ 900mm 高处。电梯层门和轿门入口的净高不应小于 2100mm，门净宽不宜小于 800mm。平层入户时电梯应具有必要的无障碍功能。

轿厢通风装置的风量应能保证轿厢内空气每小时更换不小于 20 次。

轿厢内的照明应采用节能灯具。在正常照明电源完好的情况下，在控制装置上，以及在轿厢地板以上 1000mm 且距轿壁至少 100mm 的任一点的照度不应小于 100lx。在正常照明电源发生故障的情况下，应自动接通具有自动再充电紧急电源供电的应急照明。其容量能够确保在轿厢内的每个报警触发装置处、轿厢地板中心以上 1m 处等位置提供至少 5lx 的照度且持续 1h。

6. 超低能耗建筑

超低能耗建筑应以气候特征为引导进行建筑方案设计，基于项目所在地区的气象条件、生活居住习惯，借鉴当地传统建筑被动式措施进行建筑平面总体布局、朝向、采光通风、室内空间布局的适应性设计。

超低能耗建筑的设计，应遵循"被动优先，主动优化"的原则，以室内环境和能耗指标为约束目标，采用性能化设计方法合理确定技术策略，优先采用外遮阳、节能门窗、围护结构保温等被动式措施降低建筑供暖空调需求，并结合设备能效提升和可再生能源利用，实现建筑能耗的大幅度降低。

超低能耗建筑应按照精细化施工的理念，采用更加严格的施工质量标准，进行全过程质量控制。超低能耗建筑应进行全装修，并应防止装修对建筑围护结构气密层的损坏和对气流组织的影响。

卧室、起居室、餐厅、书房等主要房间室内新风量不应小于 $30m^3/$ (h·人)。卧室、起居室的窗地面积比应达到 1/6 以上，通风开口面积与房间地板面积的比例应达到 8% 以上。

2.2.2 办公建筑综合效能调适

1. 基本要求

在工程交工前，建筑设备系统应进行有生产负荷的综合效能调适。

综合效能调适应包括夏季工况、冬季工况以及过渡季工况的性能验证和调适。

建设单位交付给运行维护管理单位时，应同步提供综合效能调适的过程资料和报告。综合效能调适报告应包含该项目系统的详细介绍、调适工作流程、风平衡记录、系统联合运行报告、综合效能调适过程中发现的问题日志及解决方案，以及对运行人员的培训手册和培训记录。

2. 调适团队

综合效能调适宜由建设单位组织，在调适顾问的指导下，由施工单位实施，建设单位、设计单位、运行维护管理单位和主要设备供应商共同组成调适团队参与配合。

综合效能调适顾问应编制综合效能调适方案，并向成员介绍调适计划、职责范围，以及综合效能调适过程所需的资料清单。

调适计划应由综合效能调适顾问负责编制，在汇总团队成员讨论意见的基础上，完善形成最终的调适计划，并作为最终综合效能调适报告的附件，提交业主方备案保存。

调适资料清单应包含系统相关的设计图纸、参数、风平衡计算表、施工过程记录、设备样本以及系统自控逻辑等技术资料。

调适问题日志宜由调适团队在调适过程中建立，并定期更新。

培训记录应由综合效能调适团队建立并交由业主保管，用以记录对物业管理人员的培训过程。

3. 技术要求

综合效能调适应包括现场检查、平衡调适验证、设备性能测试及自控功能验证、系统联合运转和综合效果验收等过程。

综合效能调适应对现场主要设备和系统进行检查。抽样要求为主要设备全数检查，末端设备的抽查数量不得少于 50%。每个系统均应进行检查。

（1）综合效能调适应对水系统和风系统进行平衡调适验证，并应符合以下要求：抽样要求为主管路和次级管路全数平衡验证，二级管路平衡验证不少于 30%，末端风口平衡验证不少于 10%；验证结果应符合《建筑节能工程施工质量验收标准》GB 50411—2019 的相关要求。

（2）综合效能调适应对主要设备实际性能进行测试，并应符合以下要求：抽样要求为主要设备全数测试；实际性能测试与名义性能相差较大时，应分析其原因，并进行整改。

（3）综合效能调适应对自控功能进行验证，并应符合以下要求：自控功能验证应包括点对点验证、控制逻辑验证和软件功能验证；自控功能验证结果应符合设计和实际使用要求。

（4）综合效能调适应对系统进行联合运转及不同工况验证，并应符合以下要求：系统联合运转应包括夏季工况、冬季工况以及过渡季工况；系统联合运转调适结果应符合设计和实际使用要求。

（5）系统联合运转结束后，应出具相应的系统联合运转报告。报告应包括系统的施工质量检查和检测报告、设备性能检验报告、自控功能验证报告和系统间相互配合调适运转报告。

4. 交付与资料移交

（1）建设单位应组织相关单位向运行维护管理单位进行正式交付与资料移交，并符合以下要求：移交的资料应齐全、真实；应包含所有资料的电子档版本。

（2）建筑交付时，应移交绿色建筑新技术和新产品的运行维护方案，并至少包含以下内容：运行维护技术要求；运行维护人员要求；运行维护资金安排计划；必要的检测和测评报告。

（3）建筑交付时，应对运行维护人员进行培训。培训应由建设单位组织，施工方、运行维护管理单位、设计单位、设备供应商、自控承包商和调适顾问单位等参加。

2.2.3 其他建筑类型性能优化

1. 超高层建筑性能优化

1）概述

超高层建筑于 19 世纪末在美国兴起，伴随着电梯、钢结构、暖通空调、供电系统等的发展，超高层建筑的出现在一定程度上解决了不少城市的用地紧缺问题。超高层建筑一直被视作能量高消耗体和环境侵入者，现今很多超高层建筑在规划设计初期已将节能环保和可持续理念作为设计准则。通过独特的建筑形态、创新的结构体系、高性能建筑材料、高效用能策略、表皮遮阳设计、楼宇自控系统等运用到超高层建筑，从而为建成超高层可持续建筑创造条件。不过鉴于超高层建筑种种弊端，2020 年以来多部委已出台文件严格限制新建 250m 以上的超高层建筑。

2）超高层建筑外部微气候

建筑高度带来的土地高密度利用，在节地与控制城市扩张、减少出行交通方面具有很大优势，而大多数超高层建筑圆筒或直棱方盒的外形会改变城市天际线与场地构架，甚至区域微环境。高层塔楼在建造前后势必会对其所在区域风、光、声、热湿环境产生不同程度的影响，夏季热湿、冬季阴冷、街区眩光、局部风速过大、能源输配不均衡、可视度受限、热岛效应、区域热量和污染等一系列问题都需要重新进行绿色生态设计，同时还包括城市能源供给、人员生命安全保障、突发事件处理预案、高密度建筑之间正负效应、独栋高层塔楼对周边低层建筑的影响。以风环境为例，超高层建筑的存在，除了区域风速会受到严重影响之外，风的运动模式在城市范围也变得复杂。风道和风阻的联合效应会引起风的湍流以及地区性风速的提高，同时增大水体或植被蒸发量。

（1）城市微气候。热岛：路面、屋面、热源、粗糙度、大气污染；街谷：夏热冬冷地区、温暖地区；污染：风速的影响；噪声：单体建筑、城市空间、道路规划。

（2）城市形态学。密度：建筑密度、建筑间距；形式：体形系数、平均高度、建筑进深；环境：风、太阳、日光、温度；舒适：遮阳、微风、热环境。

3）超高层建筑表皮设计

高层建筑高区不易受到周围环境街道或场地的限制，竖向高大结构的建筑朝向与太阳高度角的相关季节地域性特征，与建筑物得热和综合性能有很大关联。超高层立面面积约占建筑表面积的 90% 以上，屋顶面积相对较小，建筑得热和热损失对围护结构表面性能起决定作用。立面材料的使用不仅关系到建筑外观与表现形式，更多地与日照、遮阳等一起影响着建筑室内环境。建筑内部空间得热影响因素包括：外围护结构（屋顶传热、外墙传热、内侧钢结构传热、地板传热）；玻璃幕墙（热辐射得热、稳态传热、各朝向玻璃遮阳系数）；采光性能（遮阳模式、季节太阳入射角变化、透明立面所得辐射量）。超高层建筑的设计针对自然气候及环境，基于对当地气候以及高层建筑特殊的高空环境的考虑，分析建筑光、热、通风状况，有效利用当地的自然条件实现自然通风与自然采光，这是有效的利用自然条件减少能耗的手段。自然通风与自然采光，不应仅仅满足室内主要功能空间的通风与采光需求，也应最大限度地使交通核得到自然通风与自然采光，从而可以最大限度降低建筑能耗。

4）室内环境控制

高性能超高层建筑需要营造高品质内部空间，包括室内照明、热湿环境、气流组织、声功率级、空气品质等诸多方面因素，会涉及区域功能、室内自然植被、人员构成与密度、泛光与局部照明、高效机电设备与输送系统、IBMS 系统集成。

当室外内环境的各项物理、化学指标同人类的生理和心理要求相吻合时，才可能使工作者保持身心的健康和工作的高效率。当今超高层办公建筑的室内环境往往难以达到这样的要求，头晕、气闷、紧张、工作效率低下已成为当今普遍的"高层建筑综合症"。引起这类人体反应的原因包含超高层建筑在风力作用下的位移、远离地面自然环境、空气调节系统新风量不够，以及室内建材的长期低浓度污染等各类因素。超高层办公建筑的可持续设计要求必须在这些方面进行改善，营造健康的室内工作环境。近年来由于城市绿地不断减少，加之空调的大量使用，导致"热岛效应"，空气环境日益恶化，给建筑带来负效应。一块草地和一块沥青地面的表面温度差可达 14℃ 以上。绿地蒸发大量水分，带走大量热量，为建筑物创造了十分有利的周围环境条件，同时美化了城市，改善了空气品质。超高层办公建筑健康室内环境的形成同样需要多学科的共同努力。结构安全性的保证、空调系统的改进、防灾减灾能力的提高和无公害建材的使用都是必不可少的。在建筑设计方面，为克服远离地面自然环境对健康的不利影响，近年来出现绿色超高层建筑，其手法是在超高层办公建筑之中设置大量的空中庭园，将阳光、新鲜空气、水、植物等自然因子引入室内，创造"类地面环境"来减少远离地面对人心理和生理的不利影响。

5）功能布局与形态设计

现代超高层建筑多为综合功能，多含有办公、酒店、公寓、商业等，内部功能的划分和空间的组织对于整个建筑利用效率、竖向交通、资源能源规划具有十分重要的意义。超高层建筑空间组织和平面布局首先要考虑建筑朝向的问题，确定一个好的合理的位置与朝向对吸收更多太阳能、储备更多能源、减少自身能耗都是很有必要的。建筑平面的巧妙布置常能获得较为满意的节能效果。如将电梯、楼梯、管道井、机房等布置在建筑物的南侧或西侧，可以有效阻挡日射；设置空中庭院，以楼梯或坡道连系，空中庭院不但是人们的交往空间，也起到组织自然通风的作用，又克服了空调室内空气品质不良的弱点。 空中庭园是生物气候学设计法中最突出的设计手法。对于生物气候型高层建筑而言，抵挡不良气候和地理环境对建筑的影响，空中庭院是一种有效的空间形式。空中庭院可供人们进行社交、娱乐、休闲等各种活动，同时又使室内空间具有室外感，迎合了人们热爱自然的天性，也能起到组织自然通风的作用，体现出生态设计就是以最和谐的方式把人造建筑与自然、生物圈结合起来的内涵。

2.航站楼建筑性能优化

生态、健康、人文、低碳、绿色是机场国际化创新发展的标志，下面以乌鲁木齐国际机场北航站区工程的绿色设计为例，介绍通过航站楼性能优化，定制自然、健康的绿色航空枢纽。

1）定制严寒大温差地区的舒适微气候

（1）增加实墙面比例，提高保温隔热性能

乌鲁木齐地处亚欧大陆腹地，昼夜温差最大可达 20℃，冬季供暖期长，故乌鲁木齐国际机场北航站区（以下简称北航站区）一半以上外墙采用实墙面，增加保温隔热性能，避免玻璃面引起过多冷热量损失，降低航站楼用电量（图 2-42a）。

（2）低视窗加侧高窗，自然采光舒适均匀

乌鲁木齐夏季日照时间在 12h 以上，为北航站区所设计的高大主立面空间、候机指廊窗高、东西侧挑檐、西立面遮阳百叶、侧高窗与天窗，均有效避免了太阳直射造成人员刺眼的不适，也保证了航站楼内的办票候机区得到最大程度的自然光线，同时在冬季得到长时间的日照（图 2-42b 和图 2-43）。

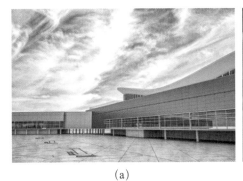
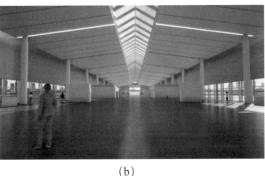

(a) (b)

图 2-42　乌鲁木齐国际机场北航站区项目图

（a）航站楼主立面虚实结合；（b）指廊内部通过低视窗和天窗自然采光

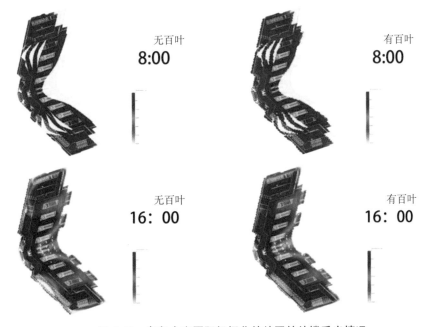

图 2-43　乌鲁木齐国际机场北航站区航站楼采光情况

（3）外立面高大空间，自然通风有效换气

根据当地建筑特点，结合高低错落、檐廊街巷遮阴、高敞连廊、高侧窗等新疆民居特色，北航站区出发层挑檐形成了外向性通风。室内大空间顶部层层掀开的天窗利于热空气上升，增强室内透气性，车库等候区天井设计利于空气品质提升，春、夏、秋三季均可充分利用自然通风（图2-44）。

（a）

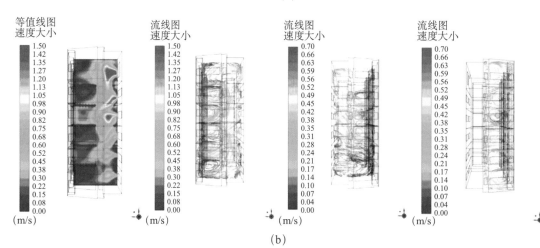

（b）

图2-44 乌鲁木齐国际机场北航站区航站楼通风情况

（a）航站楼低进高出的通风策略示意图；（b）交通中心车库高侧窗内部自然通风效果示意图

2）定制围合低洼地形下的自然健康环境

（1）以风环境为导向，雕刻建筑规划布局

乌鲁木齐冬季主导风向为西北风，其他季节为西南风，极端气候下机场区域会出现8级大风，根据低洼地形设计半围合的规划布局，有效阻挡西北冷风侵入。雕刻北航站区整体建筑造型，以及陆侧落客区、观景平台、交通换乘连廊、两侧停车楼相互交融的建筑形态，营造适宜的室外风环境，最大限度满足室外人员舒适感。

（2）车库外立面敞开，打造零能耗停车楼

北航站区充分利用太阳能、拔风降温、天空采光。借势营造风压和热压通风兼顾的采光天井，保持各季节车库内空气流通性，引导污染空气及时排出。作为非空调供暖区域，节省用电量，同时通过新能源消纳，实现停车楼零能耗。此外，综合场地高低地势整合城际铁路、地铁、长途巴士、出租车等多种公共交通方式，方便进、离港旅客的同层换乘。

3）定制电化新疆背景下的可持续绿色策略

机场北区航站区工程积极响应中共中央、国务院"健康中国2030"规划纲要、电能替代和电化新疆政策，在严寒高温差气候和低洼地形环境下，定制可持续机场绿色策略。车库混凝土屋面近期预留设置太阳能光电板，远期考虑其他可再生能源利用的可能性。除机场停车库设置充电桩满足社会车辆的充电需求外，机坪特种工作车辆分阶段实现油改电，构建智慧化机场分布式储能系统。

3. 数据中心空调系统节能

1）数据中心空调系统特点分析

（1）供冷时间长，送风参数相对稳定。数据机房负荷主要来自于 IT 设备发热量，IT设备需要全年运行，即使在冬季室外温度较低时，机房模块内仍有制冷需求，要求空调设备长时间供冷。数据中心围护结构散热量、人员等负荷相对较小，设备全年冷负荷变化不大，因此数据中心空调送风参数比较稳定。

（2）显热大，潜热小。大部分数据机房为无人值守，室内无散湿源，且新风比例低。空调设备主要作用为控制室内显热，除湿负荷小，热湿比趋于 $+\infty$。为满足机房室内温湿度要求，空调系统具有送风温差小、送风量大的特点。

2）数据中心空调系统节能技术

（1）建筑布局与围护结构优化

数据中心总平面规划布局应充分利用全年自然通风，建筑主要朝向应选择当地最佳朝向或接近最佳朝向，避开夏季最大日照朝向。与一般民用建筑夏季隔热冬季保温的要求不同，数据机房在夏季、过渡季及冬季均应考虑散热。对于不同气候区域的数据中心围护结构热工性能要求不同，当机房区域邻外围护结构时，机房外围护结构的热工性能应根据全年动态能耗情况确定最优值。在考虑数据中心散热的同时，围护结构热工性能还应满足防止室内结露的基本热工性能要求。表2-6为长三角典型城市数据中心围护结构最小传热阻。

长三角典型城市数据中心围护结构最小传热阻 表 2-6

城市	冬季空调室外计算温度（℃）	最小传热阻（m² · K/W）
上海	−2.2	0.16
杭州	−2.4	0.16
南京	−4.1	0.17
合肥	−4.2	0.17

注：按照室内设计温度为23℃，露点温度5.5℃进行计算。

（2）自然冷却技术

利用天然冷源作为数据中心的冷源是目前数据中心节能研究的热点技术之一。对于低等级数据中心，当室外温湿度低于某设定值时（具体温度根据不同气候区域设定）可以将新风经过滤后直接引入机房内，从而降低机房内空气温度，减少机房空调设备的开启时间，降低空调系统能耗。对于高等级数据中心，为保证室内空气质量，不允许将室外空气直接引入室内，可以采取设置免费制冷冷却塔和换热器，当温度低于某设定值时，室外低温冷却水进入换热器冷却机房冷冻水，达到免费制冷的效果（图 2-45）。为保证系统安全性，在免费制冷的同时需保证至少一台冷水机组在线运行以满足安全运行负荷，在保证安全的前提下，尽量利用免费制冷。假定供水温度为12℃，则在室外湿球温度9℃时可使用免费制冷。为避免免费制冷装置频繁启停，可设置 ±2℃动差，也可采用动差加延时的方式，使设备启停时间延长，实现免费制冷用量最大化。根据上海地区气象数据统计，全年可使用免费制冷小时数达到2900h，可减少冷水机组开始时间约1/3，节能效益可观。

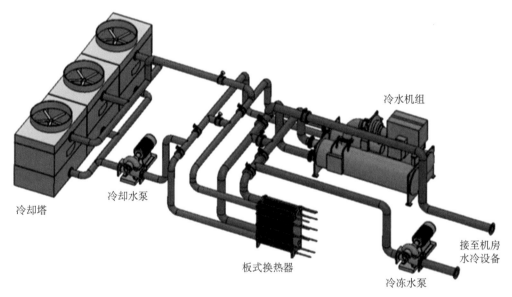

图 2-45　免费制冷流程图

（3）冷热通道封闭

为防止冷空气与热空气直接混合，数据中心常采用冷通道封闭或热通道封闭。目前多采用地板下送风，天花板上回风，精密空调设置单独的设备间，机柜面对面摆放冷热通道隔离并实现冷通道封闭的方法。目前一些项目采用热通道封闭技术，一般是在机柜后门安装通道天花板的热通道，取得了比较好的节能效果。随着技术的发展，一种新型的气流组织方式——弥漫式送风也开始应用于工程实践中。

采用弥漫式送风（图 2-46），机房内不设高架地板，机房热通道需要封闭，精密空调处理后的冷空气通过垂直送风夹道，平行送入 IT 机房室内，经服务器升温变成干热空气后，进入封闭热通道，通过封闭的吊顶回到精密空调机组，完成一个循环。弥漫式送风具备以下优点：系统不设架空地板，可实现机房后期的快速部署，节省工程造价；采用冷热通道隔离，可大幅降低机房内冷热空气混流带来的能耗损失，同时热通道封闭方式，可保证后期巡检人员工作环境的舒适度；采用送风夹道水平送风，可适当降低送风机风压，节约风机功耗。据测算，采用冷通道封闭后节能率达到 30% 左右，采用热通道封闭由于增加了回风机，节能率有所降低，而采用弥漫式送风，则节能率可高于 30%。

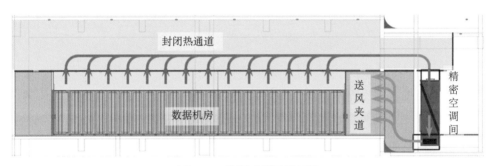

图 2-46　弥漫式送风原理图

（4）高效冷源

由于数据中心的发热量很大且要求基本恒温恒湿连续运行，因此数据中心使用的空调系统要求可靠性高（设置冗余备机）、制冷量大、小温差和大风量。目前数据机房常用的冷源有以下几种：

风冷精密空调。风冷精密空调是数据中心传统的制冷解决方案，单机制冷能力在 50 ～ 200kW，能效比低（COP 一般为 1.5 ～ 3）。风冷精密空调在大型数据中心中使用存在室外机安装困难、高温下制冷能力不足、冷却盘管结露等问题，一般用于小型数据中心。

离心式水冷空调系统。对于大型数据中心，离心式水冷空调系统是优先选择的制冷解决方案，其特点是制冷量大，系统的能效比高（COP 一般为 3 ～ 6），工作平稳可靠且系统调节范围大。由于离心式冷水机组在低负荷（一般为满负荷的 20%）时容易发生喘振，因此，在设计时一般设置一台小型的螺杆式水冷机组或风冷水冷机组作为过渡。

末端采用水冷精密空调（图 2-47），一般采用上送风或上送风方式，实现机房内良好的气流组织。

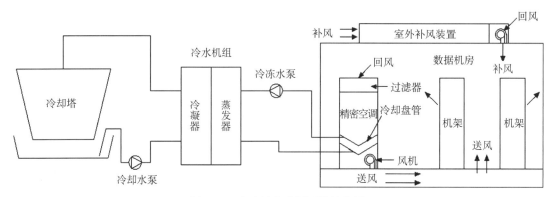

图 2-47　水冷精密空调系统流程图

由于数据机房空调系统运行时间长，采用高效冷源对于降低运行能耗有明显作用。经测算，机组能效从 2 级提升为 1 级，可降低空调系统运行能耗 5% 左右，投资回收期两年左右。

（5）提高冷冻水温度

目前冷水机组标准的冷冻水温度为 7 ～ 12℃，大大低于数据中心正常运行在 40 %左右相对湿度的露点温度。如果室内送风换热盘管保持以上冷冻水温度则会导致系统运行能耗提高。冷冻水温度过低，空气经过换热盘管后将在盘管上形成大量的冷凝水，导致需要进一步加湿才能保持机房的环境湿度，造成能源浪费。而且过低的冷冻水温度将会降低冷机制冷效率，根据《公共建筑节能设计标准》GB 50189—2015 相关条文解释，冷冻水温度每提高 1℃，冷水机组的效率就可提高 3%，因此提高冷冻水温度对于系统节能运行具有明显作用。《数据中心设计规范》GB 50174—2017 对 A 级机房室内温湿度要求为：温度 18 ～ 27℃，相对湿度不大于 60%。相对《电子信息系统机房设计规范》GB 50174—2008 要求的室内温湿度 23±1℃，40% ～ 55% 有所放宽。同时规范还明确冷冻水供水宜为 7 ～ 21℃，为提高冷冻水温度提供了规范依据。按照冷冻水温度提高 7℃计算，冷水机组效率可提高 20%，节能量明显。

2.3　全过程科技

2.3.1　设计阶段

1. 建筑参数化性能模拟辅助技术

1）核心内容与应用范围条件

建筑行业是高能耗和高资源消耗的行业，因此提高建筑设计效率以及降低建造和运营阶段的能耗有着重要意义，主要提高手段是通过建筑性能模拟技术来提高建筑环境性能。传统的性能模拟常见于设计后期阶段。随着计算机能力的不断增强，参数化设计的应用越来越广泛，建筑参数化性能模拟辅助技术（图 2-48）可以实现在方案比选阶段进行绿色性能的比较，也可根据算法自动寻优，在建筑设计初期阶段优化建筑物的环境性能，避免后期对设计方案反复修改，对提高设计的总体效率有着重要意义。利用此项技术，可在设计流程前端为建筑植入先天的绿色基因，并考虑建筑物理性能与其他性能之间的协调。在需要提高建筑性能的前提下，均可使用参数化性能模拟的方法，优化建筑性能。

图 2-48　常见的建筑参数化性能模拟工具

2）应用成效

近十年来，建筑设计团队针对建筑参数化性能模拟辅助技术开展了诸多研究，主要集中于设计方案初期阶段基于能耗与采光的建筑平面或形态设计。

以优化目标平面的热辐射量为例，建筑参数化性能模拟的具体步骤（图 2-49）是将每个窗洞大小一致的模型作为初始模型，利用光环境性能分析软件计算射入室内的热辐射量，得到室内某一目标平面的热辐射量分布。将初始结果传回模型内，反复推算窗洞的大小分布，使其比初始状态更加均匀。通过上述方法，循环往复寻优，直至结果收敛，得到目标平面上热辐射量分布最为均匀的各窗洞大小的最优解群。北京兴创大厦项目曾运用此项方法进行了类似的窗洞尺寸优化设计。近几年来，以 Ladybug、Honeybee、Butterfly 为代表的建筑物理分析插件，构建集建模与分析一体化的设计平台，实现了以建筑群室外风环境为优化目标的参数化设计、建筑物遮阳构建的优化设计、室外热环境的优化、建筑物表皮的多目标优化、夏季采光与能耗的优化等，再结合遗传算法和多目标优化的设计方法，可实现建筑方案的自动优化。

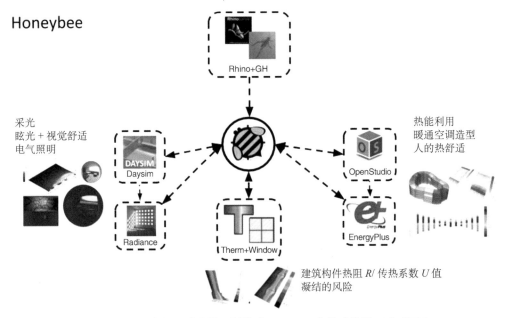

图 2-49　建筑参数化性能模拟插件（Honeybee）的功能及可生成图表

3）应用关键点

建筑参数化性能模拟技术是绿色建筑性能模拟与参数化的结合，目前建筑设计领域，主要应用还是针对日照、采光等参数开展单目标环境参数优化工作。尽管多目标优化求解等建筑参数化性能模拟技术能满足更可持续的建筑设计，但现阶段的计算用软硬件配置及相关算法仍有待提升，需避免设计初期为了追求全性能的优化而消耗大量的时间成本。此外，在使用建筑参数化性能模拟辅助技术的同时，建议考虑后期建造效率与节材的整体性思维，以方便项目的施工与运维。

2. 建筑参数化性能模拟辅助技术

1）核心内容与应用范围条件

在过渡季节，室外温度较接近于人体的舒适温度，因此可以充分利用新风，以达到节能的作用。对于全空气空调系统，可以采用全新风或增大新风比运行，有效改善空调区内空气品质，大量节省空气处理所需能耗。

《公共建筑节能设计标准》GB 50189—2015 第 4.3.11 条要求，设计定风量全空气空调系统时，宜采取实现全新风运行或可调新风比的措施，并宜设计相应的排风系统。

空调系统设计时不仅要考虑设计工况，而且应考虑全年运行模式。全空气空调系统易于改变新、回风比例，在过渡季和部分冬季气候条件下，室外空气可以作为供冷需求区域的免费冷源。采取全新风或增大新风比运行，不但可以提高室内空气品质，而且可以减少运行能耗，具有很好的节能效果和经济效益。

过渡季全新风或增大新风比技术适用于商场、展览厅、报告厅、剧场、候车厅等人员密集的区域或其他采用了全空气系统的场合，不适合于温湿度波动范围或洁净度要求严格的房间。

2）应用成效

在冬季或夏季，室内新风量是根据最小新风量设计，满足人体所需新风量和卫生标准的要求，这种做法虽然可以有效降低处理新风的能耗，但并不利于改善室内空气环境。过渡季节则可以大量采用新风，既不需要加空气处理能耗，又可以提高室内空气品质。以上海某电影院为例，过渡季节采用全新风运行，过渡季总体通风节能量为 $5.12kW \cdot h/m^2$，总通风节能率为 19%。通风节能量指过渡季节时间段内，由于采用全新风的通风方式、利用自然冷源而省去的开启空调消耗的能耗。总通风节能率表征了过渡季节因通风所获得的节能效果，数值越高节能效果越显著。根据相关案例显示，过渡季节通风节能量和通风节能率，与过渡季节天数成线性正比关系。设计通风量较大的房间，其过渡季节通风节能潜力也较大。

3）应用关键点

要实现全新风运行，设计时必须认真考虑新风口和新风管所需的截面积（按照最大新风量计算风口和风管尺寸），关闭回风路径，妥善安排好排风出路，并应确保室内必须保持的正压值或室内的送排风量平衡。

空调排风系统的风量应与空调新风量变化相适应。采用双风机空调箱时，可通过调节新风、回风和排风阀来改变新风及排风大小。排风机单独设置时，可采用变频、变电机级数、变风机数量等方法，其中变频方式节能效果最优。

全空气系统可调新风措施按照不同的气候条件应采用不同的工况判别方法。常采用的控制方法如固定温度法、温差法、焓差法等。固定温度法是比较室外新风温度与某一固定温度的大小，若室外温度小于等于某固定温度则启动全新风或增大新风运行；温差法是比较室外新风温度与回风温度，当室外新风温度小于等于回风温度则开启全新风或增大新风运行；焓差法是比较室外新风焓值与回风焓值的大小，当室外新风焓值小于等于回风焓值，则启动全新风或增大新风运行。焓差法的节能性最好，但需要的传感器多且湿度传感器误差大，需要经常维护，实施较困难。固定温度法的监测稳定可靠，实施最为简单，可在实际工程中采用。

3. 雨水径流模拟分析技术

1）核心内容与应用范围条件

雨水径流模拟分析技术是指通过模拟不同地表覆被下的径流过程，定量分析其中变化规律，在城市建设中实现对雨水径流的管理和控制。该项技术主要基于航拍影像提取的城市区域性土地覆被信息，结合历史降雨数据，构建出该区域的暴雨径流模型，模拟并量化该区域的径流变化规律。通过模拟径流变化规律，合理规划场地布局，优化排水管网设计，从而有效缓解雨水对城市建设带来的负面影响。

目前在世界范围内，雨水径流模拟分析技术被广泛应用于城市地区的暴雨洪水、雨污水等排水管道的规划、设计与分析。以 SWMM（Storm Water Management Model，雨洪管理模型）建模技术为例（图 2-50），该技术可进行地表和管网水力、水文及水质模拟分析，帮助进行场地布局及排水管网的规划和设计，还可以帮助分析积水点和内涝点，为寻找解决方案提供依据。

图 2-50　SWMM 模拟雨水管网超载状况图

2）应用成效

雨水径流模拟分析技术包含城市暴雨径流水力、水文、水质模拟和预报模型分析技术。该技术不仅可以应用于城市场次洪水研究，也可以应用于长期连续降雨模拟，还可以对任一时刻每一个子汇水区产生径流的水力水文水质情况，包括流速、径流深、每个管道和管渠的水质情况进行模拟分析。

目前，雨水径流模型分析技术在国内外都得到了广泛的肯定及应用。在美国、澳大利亚等多个西方发达国家，雨水径流模型被广泛地应用在雨洪管控、城市管理、低影响开发设计以及水资源开发利用等方面。在我国，海绵城市理念的提出及海绵城市建设的蓬勃发展，有效推动了雨水径流模拟分析技术的应用与实践。目前在深圳、广州、上海临港等海绵试点城市和地区，海绵专项审查部门已将雨水径流模拟分析作为审查内容中很重要的一部分。该技术能够有效模拟场地径流及排水管网情况，对于寻找积水点和易内涝点能够起到很大的帮助，因此，雨水径流模拟分析技术也同时推动着我国海绵城市建设的发展。

3）应用关键点

实测数据资料是雨水径流模型分析技术的核心。首先，雨量计属性输入参数是模型建立的基础，包括降水数据类型，如降水强度、降水量和降水累积量。其次，各种微影响参数的设定，如出口节点和子流域、指定土地利用类型以及地表支流等一系列参数的设定，也是建模的关键。这些参数之间细微的差别都会导致模型建立、分析的成功与否。

4. 民用建筑绿色性能计算分析

1) 核心内容与应用范围条件

民用建筑绿色性能计算分析即通过应用计算机模拟对民用建筑室内外声光热物理环境性能、能耗及室内空气品质等相关的性能指标进行计算分析，从而使我们能够在建筑未进行施工前就了解建筑在使用当中是否满足人员的安全指标、健康指标、舒适度指标的一种高效快捷的方法。

民用建筑绿色性能计算应包括场地日照、室外风环境、热岛强度、环境噪声、夜景照明光污染、可再生能源利用率、碳排放、自然通风、气流组织、空气品质、天然采光、室内声环境等专项内容。

下面以西安市幸福林带建设工程为例进行简单分析。

西安市幸福林带建设工程项目规划建设用地 67.05hm²，地下空间 65.35 万 m²，景观绿化 74.2 万 m²，是目前全球最大的地下空间综合体、全国最大的城市林带项目。其最大的特点就是整个项目地上为园林式的景观，地下为商业文化娱乐综合体、停车库。

（1）室外风环境

通过对室外风环境模拟分析（图 2-51）可知项目场地的 1.5m 高度处的室外平均风速在 0.6 ～ 1.5m/s，在人体舒适度范围。

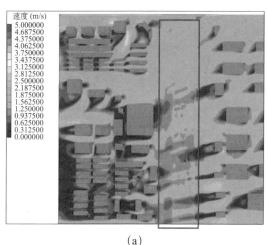 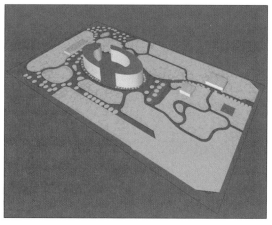

（a）   （b）

图 2-51　西安市幸福林带建设工程室外风环境模拟

（a）室外风环境模拟图；（b）室外热岛强度模拟图

（2）热岛效应

由于城市建筑群密集、柏油路和水泥路面比郊区的土壤、植被具有更大的吸热率和更小的比热容，使得城市地区升温较快，造成了同一时间城区气温普遍高于周围的郊区气温,就像一座"高温孤岛"。为了衡量城市中植被对城市热岛温度的降低效果,往往通过热岛强度模拟来分析。本项目热岛处的气温与附近远郊的温差为1.2℃,未超过1.5℃,改善了区域微气候。

(3)夜景照明光污染

夜景照明光污染不仅会影响人们的正常休息生理节律、产生眩光造成交通事故,还会扰乱动植物的生活习性与生长规律。通过夜景照明光污染分析(图2-52)可以发现哪些灯具、哪些朝向不宜布置灯具。

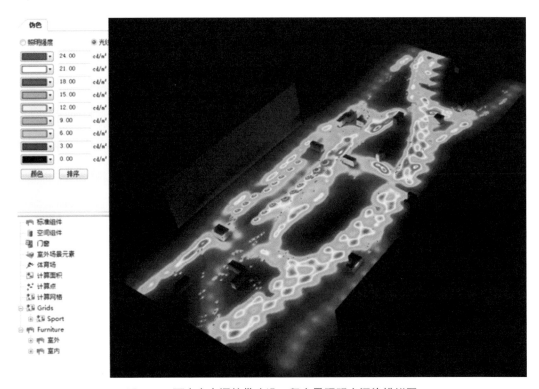

图2-52 西安市幸福林带建设工程夜景照明光污染模拟图

(4)气流组织

通过软件对室内空间的空调送回风口位置、送风风速、温度、湿度进行模拟分析,可以判断空调的设计是否满足人们在室内的舒适性要求,是否会出现"头热脚凉"温度分布不均匀等情况。

(5)天然采光

人类在长期的自然进化中,眼睛已经习惯于天然光,良好的室内天然采光有利于人的身心健康,因此建筑内部的天然采光水平是否满足人体舒适度要求,可以通过采光模拟软件进行分析(图2-53)。

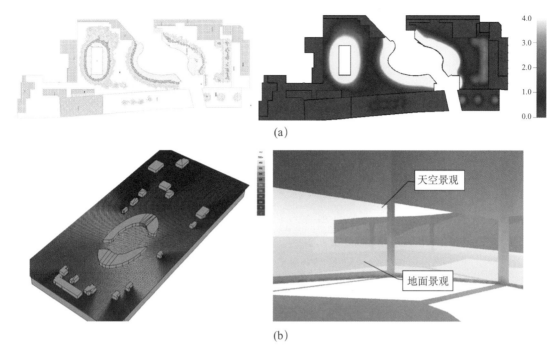

(a)

天空景观

地面景观

(b)

图 2-53　西安市幸福林带建设工程采光模拟

(a) 室内自然采光模拟分析图；(b) 建筑视野分析模拟图

（6）视野分析

人们在室内工作生活时，较多的用眼是中短距离用眼，容易出现视疲劳，因此可以通过视野分析来判断建筑的窗洞与室内外的联系是否合理。

2）应用成效

在项目的初步设计阶段，通过应用建筑绿色性能分析软件对建筑的布局、朝向、开窗的大小方向等是否合理进行建筑设计指导。

（1）气候适应性

因本项目位于西安市，其常年最多风向为东北偏东风，为使建筑的室外人行区域不出现漩涡区，本建筑的布局开口朝向与来风方向保持一致（图 2-54），以此对来风进行导流从而减少无风区或旋涡区。

（2）建筑内区采光效果改善

本项目的初期设计方案并未进行建筑内区的自然采光设计，经采光模拟分析后给出最佳改善内区采光的措施，并取得了良好的效果（图 2-55）。

3）应用关键点

本项目主要功能空间均位于地下，人们较关注的几个问题是地下空间内是否潮湿？空气是否新鲜无异味？本次绿色建筑性能分析并未对这几方面进行模拟分析，因此无法对室内的空气潮湿度、新鲜度进行初期分析从而对设计进行指导。

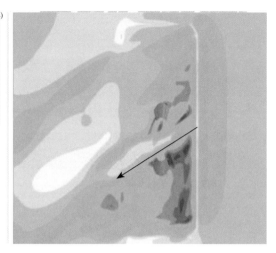

图 2-54　西安市幸福林带建设工程建筑布局分析

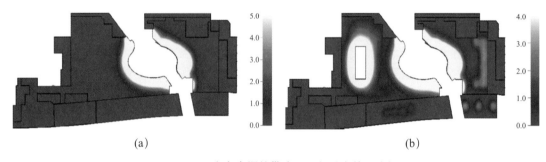

(a)　　　　　　　　　　　　　　　　(b)

图 2-55　西安市幸福林带建设工程采光效果分析
(a) 内区未采用改善采光措施的效果；(b) 内区采用采光井、导光管后的效果

5. 场地雨水径流总量控制措施——海绵城市技术

传统城市开发模式，导致城市下垫面过度硬化，依赖城市管网进行排水的单一做法，改变了城市水文特征，在造成巨大水资源浪费的同时，还降低了城市抵御极端自然灾害（如夏季暴雨）的能力。

1）核心内容与应用范围条件

海绵城市技术的核心内容为：通过城市规划、建设的管控，从"源头减排、过程控制、系统治理"着手，综合采用"渗、滞、蓄、净、用、排"等技术措施，有效控制城市降雨径流，最大限度地减少城市开发建设行为对原有自然水文特征和水生态环境造成的破坏，使城市能够像"海绵"一样，实现对雨水径流自然积存、自然渗透、自然净化的发展方式（图 2-56）。

应用范围：城市规划、市政道路、建筑小区、公园建设等范畴均可应用海绵城市技术理念。通过海绵城市建设，使得城市雨水径流总量控制率处于合理区间，可实现维持城市开发前后水文特征不变，修复水生态、保护水环境、涵养水资源，提高城市防灾减灾能力。

(a)　　　　　　　　　　　　　(b)

(c)　　　　　　　　　　　　　(d)

图 2-56　海绵城市技术应用

(a) 下凹式绿地化；(b) 径流滞留及净化；(c) 雨水蓄积池；(d) 地表径流引至浅塘

2）应用成效

目前该项技术已经应用于我国大部分城市的建设中，以西安市东郊幸福林带建设项目（图 2-57）为例。幸福林带项目位于西安市东郊，北起华清路，南至建工路，西侧为万寿路，东侧为幸福路，项目起源于 1953 年由中苏专家共同规划设计的西安市第一轮总体规划，规划建设用地 67.05hm²，为国内最大的地下空间利用及城市林带项目，由中建西北院承担设计及工程咨询工作。

项目分为 ABCDE 段。以 E2 段（三星级绿色建筑段）为例，该段采用了保留场地内既有绿岛、高绿化率（绿化率 59.55%，地下空间项目具备此条件）、下凹式绿地、透水混凝土、1000t 雨水蓄积池（区域共用）等技术措施，项目建成后年径流总量控制率将达到 75% 以上（降雨量的 75% 实现就地消纳，不给市政管网增加负担），杜绝暴雨后城市"看海"的情况发生。

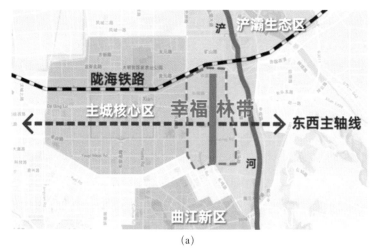

(a)

(b)

图 2-57 西安市东郊幸福林带建设项目
(a) 幸福林带项目区位图；(b) 幸福林带 E2（绿三星）段效果图

3）应用关键点

湿陷性黄土的应对和处理，是海绵城市技术在西部地区发展的最大难点。目前关于应对湿陷性黄土的措施也正在进行积极探索中，并已获得了一些经验。

以西安幸福林带项目 E2 段为例，f5 地裂缝将场地分为南北两段，场地 f5 地裂缝北盘属于Ⅲ级（严重）自重湿陷性黄土场地，f5 地裂缝南盘属于Ⅱ级（中等）自重湿陷性黄土场地。现将地下综合空间基坑开挖后具有湿陷性的土层挖除，并选择换填垫层法作为地基处理方法以杜绝湿陷性作用。

换填垫层法是先将基底下需处理的土层清除，再利用工程性质良好的回填料分层碾压回填至设计标高，从而达到消除湿陷性、提高地基均匀性、提高地基承载力、降低压缩性的目的。

6. 施工图与深化设计同步实施

现阶段，我国建设行业传统模式是设计与施工分为两个阶段，设计阶段一般又分为方案设计、初步设计、施工图设计，根据目前国家和行业设计及出图相关标准，设计院一般完成施工图设计后，将施工图交由施工单位进行施工，若有需要深化设计的部分，由施工单位委托专业厂家进行深化，或者由建设单位另行委托。这种建设模式是业内普遍采用的，有一定的优势，但也暴露一些弊端。在大力推行总承包建设模式及信息化的背景下，BIM 技术的快速发展以及全生命周期的建设理念如何能够促使设计施工更有效的配合，成为业内急需解决的问题。探索施工图设计与深化设计同步实施，试图使施工图设计直接对接现场施工，节约周期，具有一定的积极作用。

1）核心内容与应用范围条件

施工图与深化设计同步实施，打破了传统建设模式设计与施工之间的工作界限，使得施工图设计更加"落地"，能够直接应用于现场施工。主要适用于采用 EPC 总承包模式的建设工程，尤其是采用 BIM 设计的工程，而对于采用设计与施工分开的传统建设模式，由于受到设备采购、施工工艺等各种因素的影响，实施起来较为困难。

2）应用成效

EPC 总承包模式具有设计施工一体化的天然优势。施工图设计深度往往要求较深，由于施工与采购均由 EPC 单位负责，可以突破传统建设流程，不必等到施工图完成再进行采购，可根据前期设计图，提前进行一部分关键设备的确定和采购，为施工图与深化设计同步提供基础性条件。

以深圳某项目为例，本项目采用全过程全专业的 BIM 正向设计，在施工图设计过程中，EPC 总承包单位即确定了机电管道、钢结构、装配式等安装单位，可以探索施工图与深化设计同步进行的设计模式，提高施工图设计质量与出图深度。因本项目采用 BIM 设计，各相关单位必须采用同一个 BIM 中心文件进行设计，为了保证设计协同与沟通便利性，各施工（深化）设计单位派驻设计人员进驻设计院，与设计院项目组同时工作，共同完成项目施工图设计。BIM 给各方共同工作带来便利性，一个中心文件使各专业设计人员通过 BIM 模型互相配合，提出问题，并共同解决问题，然后反馈到 BIM 模型中，形成最终的施工图设计模型。在此过程中，机电各专业管线的碰撞、钢结构的深化设计，都可以通过三维的形式直观的展示出来（图 2-58），直接暴露设计问题，然后各方商讨解决方案。

经过各方的共同配合，最终交付的施工图设计模型和图纸，都是经过深化设计单位共同认可，然后通过 BIM 技术进行碰撞检查过的，室内净高、管线安装位置等信息全都包括其中，可以直接用来施工。钢结构部分经过生产厂家的深化设计处理之后，直接传递到生产加工系统，供工厂制作生产。与传统施工图设计相比较，虽然投入的精力较多，但是施工图设计质量得到了很大的提升，节约了深化设计及优化设计周期，减少了因为施工深化设计引起的返回设计变更及现场返工的可能，节约工程建设周期及工程造价。

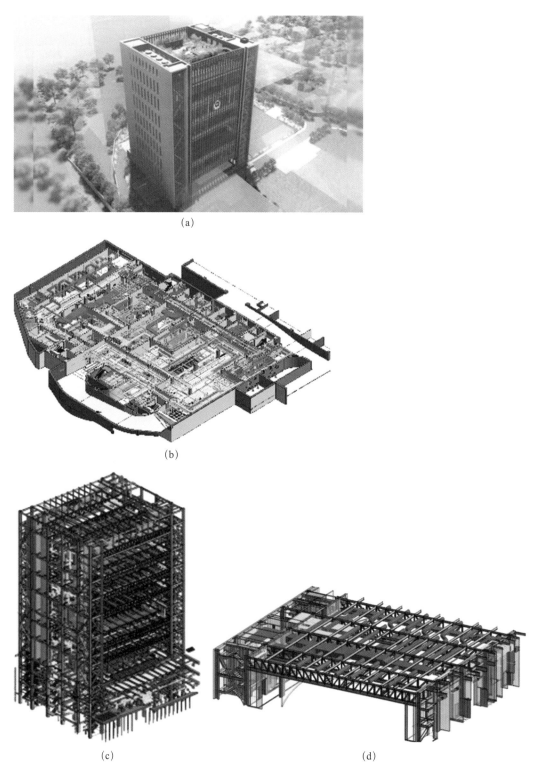

图 2-58　深圳某项目施工图设计模型

(a) BIM 整体模型；(b) 地下 1 层管综模型；(c) 整体机电管综模型；(d) 标准层管综模型

3）应用关键点

施工图设计与深化设计同步进行，在 EPC 总承包项目中具有明显的优势。前提需要确定施工单位和主要设备系统的类型，否则很难实施。同时，需要各参建方应用 BIM 设计，不同的专业和团队在同一个 BIM 平台进行工作，保证数据传递的唯一性和及时性。通过此项技术，可以明显提高施工图设计深度和设计质量，打通设计施工之间的障碍，提高整个建设工程的质量。

7. 无人机倾斜摄影融合 GIS 技术

1）核心内容与应用范围条件

无人机倾斜摄影是近几年发展起来的一种摄影测量技术。该技术通过在无人机上搭载多台传感器，并布设一定重叠度的飞行路线及拍摄点位，从每个点位同时多角度获取影像数据，利用激光测距的原理采集被测目标表面的三维坐标、反射率和纹理等信息，经过几何校正、联合平差等计算处理流程，可快速复建出被测目标的三维模型，准确精细、色彩真实，因此也被称为实景三维建模技术。图 2-59 所示为无人机倾斜摄影建模流程。

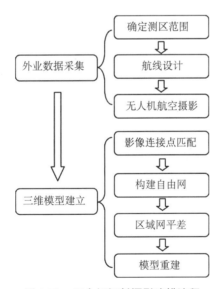

图 2-59　无人机倾斜摄影建模流程

GIS（地理信息系统）是将地球表层空间的地理信息数据进行采集、储存、管理、检索、分析和显示的技术系统（图 2-60）。系统以公共的地理定位为基础，将多种格式的三维模型数据和属性数据进行分级、分类、规格化和标准化，结合时间轴，可实现规划设计、方案对比、空间分析、数据更新等功能，为管理与决策提供有效手段。

在建筑全生命周期的建造管理过程中，无人机倾斜摄影融合 GIS 技术可实现项目周边场地的快速建模，为设计、施工提供详实的基础数据，在规划设计、方案对比、限高分析、视域分析等方面提供可靠的技术支撑。

(a)

(b)

图 2-60　基于 GIS 平台的地下管线信息管理

2）应用成效

沈阳某办公楼项目，位于沈阳市和平区，总建筑面积约 20 万 m²，主楼 29 层，建筑高 142m。该项目地处繁华商圈，交通便利，周边 50m 范围内有历史建筑。因此在设计规划阶段利用无人机倾斜摄影融合 GIS 技术着重考虑城市规划、与周边建筑之间的关系和该地块的历史保护。图 2-61 所示为该项目技术应用情况。

倾斜摄影测区是以本项目为中心的矩形区域，范围 1.12km²，采用哈瓦八旋翼无人机搭载 5 镜头倾斜摄影云台自动规划测量航线并采集影像数据，经过空三运算将项目周边环境进行重构，模型分辨率达到 3cm 以内，载入 GIS 平台后将项目区域进行场地平整，导入新建办公楼的多种 BIM 方案与倾斜摄影所重构的三维模型融合，根据城市规划要求进行限高分析、视域分析、交通流量分析、与历史建筑的空间关系分析，并且为项目各方提供交流探讨的可视化平台。

(a)

(b)

(c)

图 2-61　沈阳某办公楼项目倾斜摄影融合 GIS 技术应用情况

（a）倾斜摄影测区范围；（b）、（c）基于 GIS 平台的设计方案对比

3）应用关键点

随着智慧城市建设进程不断推进，我国已启动或在建的智慧城市已达 500 余个，与此同时城市管理基础数据的需求不断增加，使快速构建城市实景三维模型的业务得到迅猛发展。作为 GIS 数据的重要来源，倾斜摄影技术通过高效的数据采集设备及专业的数据处理流程生成的三维模型能够准确反映出建筑的外观、位置、高度等属性，为真实效果和测量精度提供保证，并且有效提升模型的生产效率，快速搭建城市级别的三维地理信息基础框架。在此基础上融合大数据、云计算、物联网及人工智能等新技术，打通城市发展经络，促进智慧城市快速升级。

倾斜摄影模型具备高度的真实性，可以全要素无差别的还原真实世界。融合 GIS 技术后不仅能够直观地表达出空间对象的相互位置关系，还可以进行空间分析、城市数据管理查询，已在土地利用、国土资源、环境监测、交通运输、城市规划等方面广泛应用，为下一步智慧城市的发展奠定了数据基础。

8. 无障碍通用设计技术

1）概述

无障碍设计理念最初强调的是消除轮椅使用者等残疾人在操作和移动中的障碍，重视从物质空间上满足特殊人群的行为需求。近年来，随着人人平等、无差别对待等人文思想的传播，以及人口结构的变化和对弱势群体关注的增加，无障碍设计的服务对象扩大到包括老人、儿童、孕妇、病人及携带重物、推婴儿车等所有由于自身或外在原因存在特殊需求的群体，同时包括少数民族、外国人等由于文化、语言不同造成出行不便的人群。"无障碍通用设计"强调以全体大众为出发点，让环境、空间、设施能适合所有人使用。

与此同时，随着科技的进步，无障碍设计内容不再局限于物理环境范围的设施建设，无障碍信息服务也被纳入无障碍设计要求中。过去靠盲道引导的无障碍环境将发展为在智慧环境引导下的友好型社会。将智能化融入无障碍建设中，推进数字化、智能化城市规划和建设，提供无障碍的信息化解决方案和应用设施设备，创建智慧社区，构建全域智能化的无障碍环境，建设数字城市，成为无障碍建设的重要方面。

2）无障碍设计技术组成

无障碍设计技术强调以人的活动为核心，从使用者的听觉、视觉、体感、嗅觉、触觉角度出发，以人性化的设计践行绿色科技；同时以性能为本，保证安全性、适用性、舒适性、健康性、环境性、经济性，全面提升社区与建筑环境质量，打造以人为本，与环境和谐共生的"五感六性"的人居环境（图 2-62）。

3）无障碍环境设计

无障碍环境设计包括立体复合型的分层交通系统、畅行的园区无障碍环境（包括根据不同标高层的功能，合理组织无障碍的流线和交通体系，实现场地无障碍路线便捷和设施安全）、立体共享的景观、无障碍标识和智慧响应式服务等。

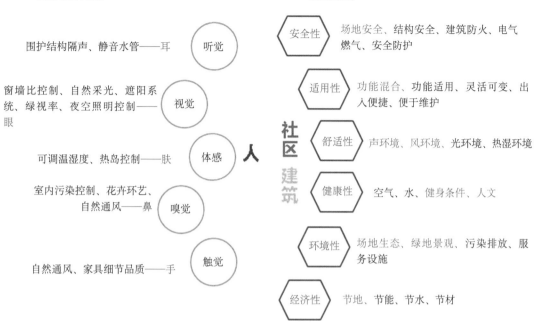

图 2-62 无障碍设计技术构成图

（1）畅行易达的无障碍流线和交通组织

无障碍设计中需明确园区 / 场地的无障碍流线和无障碍交通组织。地面需确定公交车停靠站和出租车落客区位置，并确保点位合理、便捷，同时考虑与市政交通的无障碍接驳。应按照各区域的停车数量设置不少于总停车数 2% 的无障碍机动车停车位。无障碍机动车停车位的地面应平整、防滑、不积水，地面坡度不应大于 1：50。出租车停靠点或与城市主要车行道路接驳处设置的港湾式候车区域应设置无障碍优先候车区，并设置相应的引导标识；应规划连接各主要游憩场所和服务设施的无障碍路线。园区 / 场地车行流线不应与人行流线相混杂，地面无障碍停车位应与场地和建筑无障碍路线相连接，并应靠近无障碍出入口。园区 / 场地的主要出入口均应为无障碍出入口，且不应少于 2 个。园区 / 场地出入口处应在清晰醒目的位置设置配有盲文提示的园区全景导览图，导览图中应注明无障碍通行路线。园区 / 场地无障碍通行线路的地面应坚固、平整、防滑、不积水，通道宽度不应小于 1.50m，设置台阶时应同时设置轮椅坡道。园区无障碍通行线路长度大于 50m 时，沿连接通道应设置休息座椅，设置间距不应大于 50m。座椅应设靠背和扶手，其面层应与通道的颜色区别。

（2）促进身心健康愉悦的无障碍景观、绿化设计

设计无障碍景观游览线路。滨水景观应首先考虑安全因素，紧邻湖岸的无障碍游览线路应设置挡台、护栏等安全防范措施，栏杆扶手高度不低于 900mm。室外活动场地以

种植乔木为主，林下净空不得低于 2.20m，活动场地周围不宜种植遮挡视线的树木，保持较好的可通视性，且不宜选用硬质叶片的丛生植物。照明灯具及景观小品均需采用无安全隐患的设施。

（3）适应多样需求的无障碍标识系统

无障碍通行线路中设有无障碍设施的位置应设置无障碍标志，并应形成完整的无障碍标识系统，清楚地指明无障碍设施的走向及位置，满足通行的连续性。主要建筑物、构筑物、植物树木和艺术小品等处的介绍说明应为低位标牌，便于坐姿阅读，主要信息宜配备盲文说明。应专门考虑与智慧道路相结合的智能导引定位系统，以随身设备终端为载体，以智能标识牌为交互点，实现信息层面的智慧导引。

2.3.2 建造阶段

1. 室内建筑垃圾垂直清理通道技术

1）核心内容与应用范围条件

室内建筑垃圾垂直清理通道具体做法为每一层都用 10 号工字钢与铁管焊接在一起，架在进口四周梁板上，将铁桶彼此焊接连成一个上下贯通的通道，致使各层形成一个连续的垂直使用通道，再在每层设置一个和整个通道相连的入口，用来作为各层的垃圾倒运入口，通过通道将建筑垃圾直接清倒至地下室垃圾指定堆放处，再将垃圾铲入粉碎机里加工（图 2-63）。

应用范围：适用于高层建筑及超高层建筑的每一层的垃圾清理。

（a）　　　　　　　　　　（b）　　　　　　　　　　（d）

图 2-63　室内建筑垃圾垂直清理通道做法

（a）缓存弯管；（b）固定架立；（c）、（d）垃圾入口

2）应用成效

利用室内建筑垂直清理通道，使得各层垃圾集中堆放，快捷清理至便于外运的首层固定位置。大大减少了劳动力的投入，根据现场实际情况，在风井处安装一组垂直清理通道，每日每层可节省 10 个工日，每个工日 120 元，每层可节约 1200 元 / 日。楼层垃圾能及时并归堆处理，通过粉碎机粉碎，可以加工做成品，合理利用对固体废物的循环利用，能够有效回收利用资源。垃圾通过垂直通道可以抑制粉尘的扩张，在垃圾清理时，垃圾不下运的其他楼层垃圾入口必须做好封闭，层层把关，防止其他楼层产生扬尘。

3）应用关键点

垃圾通道需要采用 3mm 厚铁板加工制造成管径 300mm 的圆管，每条圆管长 2m，用法兰扣件拼接在一起。每一层都设一个入口，每 2 层设置一个凸型缓冲带，减缓高空落物的冲击。

4）技术应用存在的问题

室内建筑垃圾垂直清理通道技术每 2 层设置一个凸型缓冲带，减缓高空落物的冲击。但凸型缓存带的存在也同样会成为建筑垃圾物存积的隐患所在，部分建筑垃圾在通道中下落的阻力不同，下落速度不同，容易在凸型缓冲带处积累，减小通道横截面积，如不能在垃圾通道入口处设置建筑垃圾的过滤装置，一旦堵塞弯管区域，需要进行通道拆除清理。

5）技术应用建议

室内建筑垃圾垂直清理通道技术应在每 2 层设置凸型缓冲带，减缓高空落物的冲击。每 2 层设置的凸型缓冲带应具有快装快拆功能，能够实现通道凸型缓冲带堵塞时，快速拆除清理。另通道的固定架立除限制通道的各层平面位置外，还需要将通道与固定支架进行竖向固定，使得每一段通道均可独立拆除，以便每一段通道维修及更换。

2. 污水处理系统技术

1）核心内容与应用范围条件

当前，施工单位一般都通过收集雨水、地下水等方式，侧重现场施工用水的利用，但对生活区用水的重复利用考虑较少，而且各类生活用水均混排至自建化粪池或市政污水管道，而实际生活污水污染程度低，便于处理，且产生量较大，并随时产生。为解决生活污水的处理问题，可采用污水处理系统。

污水处理系统（图 2-64）由一体化处理设备、调节池、污水提升管及一、二级沉淀池等组成。其中，A 级生物处理池靠厌氧微生物可将污水中难溶解有机物转化为可溶解性有机物，将大分子有机物水解成小分子有机物。风机供 O 级生化池中充氧曝气，搅拌污泥提升和污泥消化。O 级生物处理池为污水处理的核心部分，由池体、填料、布水装置和充氧曝气系统等部分组成。它分二级成梯度降解水质，可大幅度降低水中有机质，在氧气充足条件下，降解水中氮氨，降低 COD 值。池中填料采用弹性立体组合填料，该填料具有比表面积大、使用寿命长、易挂膜、耐腐蚀、不结团堵塞等特性；填料在水中自由舒展，对水中气泡作多层次切割，相对增加了曝气效果，池中曝气管路选用优质ABS管，曝气头选用微孔曝气头，不堵塞，氧利用率高。生化后的污水流到二沉池，二沉池为竖流式沉淀，排泥时放空污泥池内的污泥，打开排泥阀靠水位差将污泥压到污泥池内。污泥池内的污泥定期由吸粪车拉走。消毒池接触时间为1.3h，消毒采用固体氯片接触溶解的消毒方式。

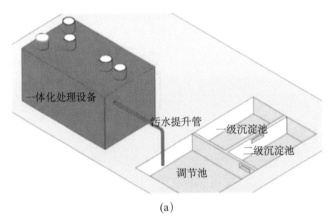

(a)

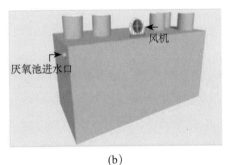

(b)

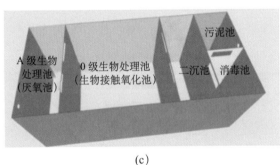

(c)

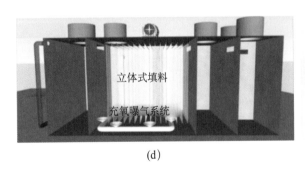

(d)

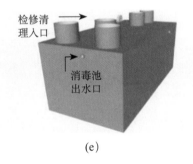

(e)

图 2-64　污水处理系统示意图

（a）污水处理系统示意；（b）A级生物处理池；（c）0级生物处理池；（d）立体式填料充氧曝气系统；（e）消毒池

应用范围：适用于集中搭建生活区、办公区的各类建筑工地。

2）应用成效

污水处理系统设备结构紧凑、占地少、运行经济、抗冲击能力强、污水处理效率高、管理维护方便、节约水资源。综合计算项目生活区平均每天可处理污水 24m³，节省排污费约每年 1 万元，节约水费约每年 7 万元。

3）应用关键点

污水处理系统采用全自动可编程程序系统，设全自动控制及手动控制功能。进水泵低水位停止，高水位启动，超警戒水位提供报警信号。设备停止工作 2h 以上，为保持生物膜的活性，风机能定时间歇运行。设有过流、过载、断相、短路保护、故障自动切换并声光警报。

4）技术应用存在的问题

污水处理系统技术采用了提升泵、风机的设备，增加了一部分的设备费用，同时设备运转消耗电力及燃油；污水处理需要加入相关药剂，药剂在净化水质的同时，也会有微量元素对水质产生影响，需对污水处理相关药剂增加审查及实验验证。

5）技术应用建议

污水处理系统技术采用的污水提升泵及风机可以采用主体结构中使用的机械设备，或进行多次周转降低设备摊销费用；另设备的功率可选择相对较小的，或者选择节能型设备。污水处理药剂等物质需要进行严格检测，对于混合型的药剂需要单独对每一种药剂进行检测，还要对混合型药剂的复合性药性进行检测，检测合格方可用于工程中。

3. 电动液压爬模应用技术

1）核心内容与应用范围条件

以达到一定强度（10MPa 以上）的剪力墙作为承载体，利用自身的液压顶升系统和上下两个防坠爬升器分别提升导轨和架体（模板与架体相对固定），实现架体与导轨的互爬；利用后移装置实现模板的水平进退（图 2-65）。操作简便灵活，爬升安全平稳，速度快，模板定位精度高，施工过程中无需其他起重设备。施工流程：混凝土浇筑完后→拆模后移→安装附墙装置→提升导轨→爬升架体→绑扎钢筋→模板清理，刷隔离剂→埋件固定模板上→合模→浇筑混凝土。

2）应用成效

爬模使用一般采用租赁方式，租赁价格约为每榀机位 1000 ～ 1100 元 / 层，按每榀机位覆盖面积 21m² 计算，总价约 47 ～ 52 元 /m²。整体对比全钢大模板施工超高层总价（约 53 ～ 61 元 /m²）、铝合金模板总价（约 54 ～ 59 元 /m²）、木模散拼总价（约 63 ～ 68 元 /m²）均要经济。

爬模由于自带按图纸设计的全钢大模板，节省模板拼装时间，减少人工，并且减少了木材钢钉的使用，属于绿色环保产品。爬模由于具备自爬的能力，因此不需起重机械的吊运，这减少了施工中运输机械的吊运工作量。在自爬的模板上悬挂脚手架可省去施工过程中的外脚手架。综上，爬升模板能减少起重机械数量、加快施工速度、减少劳动力使用，因此经济效益较好。

(a)

(b)

(c)

图 2-65　电动液压爬模应用技术

(a) 爬模架体组装；(b) 爬模组装；(c) 应用实例

3）应用关键点

目前国内常用液压爬模的架体支撑跨度不大于 5m（相邻埋件点之间距离，特殊情况除外），架体总高度约 4 倍标准层高，操作平台为 7 层。上部 2 层为钢筋、混凝土操作层，中间 2 层为模板操作层，下部 2、3 层为爬模操作层。

液压爬升系统根据不同的爬模型号，油缸型号额定压力、液压泵流量、油缸行程、油缸额定提升力、油缸同步误差、伸出速度，均有所不同。

模板体系根据墙体结构自身的质量需要，结合爬模工艺特点，设计对应的模板体系。全钢大模板由平模、阴角模、阳角模、钢背楞、穿墙螺栓、铸钢螺母、钢垫片等组成。标准层施工时，模板下包 100mm，上空 50mm。低于标准层高墙体施工时，混凝土打低；高于标准层墙体施工时，钢模板上口采用木模接高。在爬模施工范围内，墙体钢模板满配。在墙体厚度变化时，只要调整角部模板即可，其余大面积的模板无需变动。

4）技术应用存在的问题

电动液压爬模承载能力一般有限，主平台在施工状态下设计承载不大于 5.0kN/m²，爬升状态下承载不大于 0.75kN/m²，故爬模的总重量要相对较轻。相邻爬升平台处不方便人员通行及安全防护，爬模与墙体之间有孔隙，容易坠物。当墙体的尺寸或者外横截面发生变化时，需要针对变化的部分重新定制，费用较高。

5）技术应用建议

电动液压爬模使用矩形管作为平台底梁的做法，可以增大截面惯性矩，增加平台的整体刚度；爬升平台处使用简易翻板，以便人员通行及防护；爬模平台与墙体之间使用两道翻板封闭，以防坠物；爬模组件中上线防坠爬升器应具有自锁功能，既能作为爬升器，又能成为防坠器，同时在爬模施工范围内，墙体钢模板满配，在墙体厚度变化时，增加角部模板形式，其余大面模板无需变动即可周转，可大幅降低模板的整体成本。

4. 电动桥式脚手架技术

1）核心内容与应用范围条件

传统脚手架搭设拆除操作劳动强度大，危险因素多，安装拆除人员多，工程成本也高；电动吊篮不稳定，危险因素多，施工作业人员少，受外界环境影响较大。

电动桥式脚手架（附着式电动施工平台）是一种大型自升降式高空作业平台。它可替代脚手架及电动吊篮，用于建筑工程施工，特别适合装修作业。电动桥式脚手架仅需搭设一个平台，沿附着在建筑物上的三角立柱通过齿轮齿条传动方式实现升降，平台运行平稳，使用安全可靠，且可节省大量材料。

电动桥式脚手架（图 2-66）由驱动系统、附着立柱系统、作业平台系统三部分组成。每个承重底座由型钢制成的底盘构成，底盘通过 5 个支点把立柱的重量传给地面。支承点是由 4 个可调节高度的稳定支腿和 1 个中心承重支腿组成，它们消除由平台上升下降引起的振动。底座上还有 4 个可转动的轮子，使驱动系统可以自由移动。4 个稳定支腿的伸出臂起到增加平台稳定性的作用。附着立柱是焊接成型的三角立柱，以 1.5m 为标准节，通过高强度螺栓连接成整体，平台可通过齿轮齿条传动沿立柱上下运动。作业平台是通过计算和实验而设计的特殊三角平台梁，以 1.5m、1m 为标准节，通过连接销连接成整体，上面安装有脚手板与护栏。

驱动系统由钢结构框架、减速电机、防坠器、齿轮驱动组、导轮组、智能控制器等组成。附着立柱系统由带齿条的立柱标准节、限位立柱节和附墙件等组成。作业平台由三角格构式横梁节、脚手板、防护栏、加宽挑梁等组成。在每根立柱的驱动器上安装两台驱动电机，负责电动施工平台上升、下降。

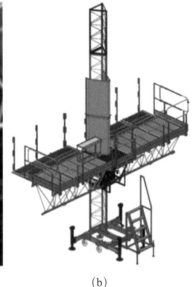

（a） （b）

图 2-66 电动桥式脚手架

电动桥式脚手架主要用于各种建筑结构外立面装修作业、已建工程的外饰面翻新，结构施工中砌砖、石材和预制构件安装，玻璃幕墙施工、清洁、维护等；也适用桥梁高墩、特种结构高耸构筑物施工的外脚手架。

2）应用成效

电动桥式脚手架能替代传统脚手架，省工、省时、省料、省费用。自身拆卸灵活、方便、轻巧，能减轻操作工人的劳动强度，加快施工进度。平台搭设拆除时的劳动强度不大，搭设人员虽然技术要求较高，但所需人员较少，容易控制。

3）应用关键点

电动桥式脚手架在每一个驱动单元上都安装了独立的防坠装置，当平台下降速度超过额定值时，能阻止施工平台继续下坠，同时启动防坠限位开关切断电源。当平台沿两个立柱同时升降时，附着式电动施工平台配有智能水平同步控制系统，控制平台同步升降。电动桥式脚手架还有最高自动限位、最低自动限位、超越应急限位等智能控制。

4）技术应用存在的问题

电动桥式脚手架平台的长度相对较短，无法实现建筑物一边全挑的情况，面对复杂多变及长度较长的外立面时，无法快速响应这种变化。平台的承载能力较小，平台上几乎不能存放工程材料；平台的运维管理需要非常专业的人员进行维护。

5）技术应用建议

一般采用组合拼装的方式进行脚手架平台的接长，双柱型可实现 30m 长度，单柱型可达到 10m，多种组合可针对不同建筑外观尺寸适用变化；加大脚手架的构件刚度及部分构件的厚度，使得额定荷载双柱型达到 36kN，单柱型达到 15kN 以上，同时增加平台外延宽度，可扩大外围工作面。

5. 可多次周转的快装式楼梯应用技术

1）核心内容与应用范围条件

根据钢结构专业施工特点，施工时施工电梯、楼梯、电梯等登高设施均无，需要设置临时楼梯，为检测试验、监督检查、施工等提供上下施工楼层的安全通道。

根据工程的实际需要，采用角钢、钢管、花纹钢板、螺栓等将临时楼梯设计成由组装式标准节构成的楼梯（图 2-67），以便于安装和运输。同时，整个楼梯既可在同一工地上快速、多次使用，又可以在不同工地上通用，且满足安全要求。

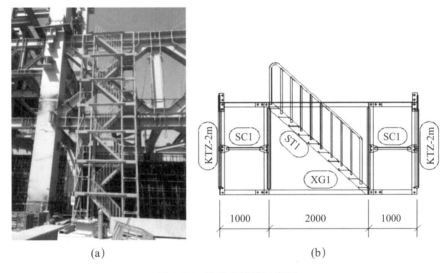

(a)　　　　　　　　　　　　(b)

图 2-67　快装式楼梯示意图

快装式楼梯标准节技术参数见表 2-7。

快装式楼梯标准节技术参数　　　　　　　　　　　　　　　　表 2-7

标准件名称	尺寸（mm）	数量	材料组成
中转平台	2000×1000×2000	2	L100×10=19.84m、PL10=0.464m²、PIP70×4.5=13.042m、5mm 花纹钢板 8m²
楼梯（45°）	2000×2000	1	L100×10=0.79m、PL8=0.95m²、PIP45×3=8.44m、PIP32×2.5=15.76m、5mm 花纹钢板 2.04m²
连接件	2560	4	L100×10=10.24m
水平防护支撑	1000	4	PIP48×3.5=2.96m、PL10=0.25m²
连接板 1	250×300	4	PL16=0.3m²
连接板 2	210×400	4	L100×10=1.6m、PL16=0.132m²

2）应用成效

传统做法往往是一次性摊销，采用快装式标准楼梯加工后的定型产品可持续周转，成本较小，单位工程的成本摊销额低，完全能够达到环保节能的功效。在安全上是满足安全验收规范要求的，而且成型后的视觉效果良好。

3）应用关键点

快装式标准楼梯底部应放置在混凝土基面等平稳地面上，夜间应设置照明措施及警示灯。高度超过50m后，需要每30m间隔设置附墙装置，以防止过高倾斜发生倾覆。

4）技术应用存在的问题

可多次周转的快装式楼梯每部楼梯用钢量约1.3t每节，制作安装费用约7350元/t，每一节楼梯的成本约9000元，一般只能适用于公共建筑的裙房区域或者局部高度不超过20m的施工区域；超过30m高度时，每部楼梯的重量约19t左右，对于一般工程来说，均需要对楼梯基座进行加固处理。

5）技术应用建议

可多次周转的快装式楼梯因为用钢量较大，可以对楼梯标准节进行轻量化处理，除连接节点及主要承重框架外，楼梯标准节其他构配件采用铝合金材料。另楼梯的梯段可采用机械快装件，进行结构框架与梯段分离，实现不同构配件的不同频次的周转。

6. 可重复使用的标准化塑料护角

1）核心内容与应用范围条件

塑料护角安装使用非常方便，工厂定型加工，涂上玻璃胶粘在柱子上即可，同时上部用黄黑警示带缠绕一周，既可增加护角之间的连接，又可以增加整体的美观性（图2-68）。

主要技术规格如下：高度1.8m，护角宽10cm，厚度2mm。颜色为黄黑相间。材质一般为pvc。固定方式一般为玻璃胶粘结。柱子或墙等拆除模板后进行安装，二次结构开始砌筑时进行拆除。

图2-68　标准化塑料护角

2）应用成效

传统的木模护角施工效率低，材料很难实现周转使用，且耗费大量的人工成本。采用定型的塑料护角，工厂定型加工，成本较低，安装方便，节省了大量的人工，并且可周转使用，每次的摊销使用费用远远低于木模护角。每条 1.8m 高的护角可节省 13 元，当护角数量较多时，经济效果可观。

3）应用关键点

塑料护角安装时不要使用粘结力太强的胶，以玻璃胶等较为合适。安装、拆除及周转使用时要轻拿轻放，注意材料的保护。

4）技术应用存在的问题

可重复使用的标准化塑料护角一般为塑料材料，易老化变形，并且塑料护角一次投入的材料费用稍高于木防护的费用。建筑成品后的基面要提前进行处理，且安装粘贴时对胶水的粘结力有不同的要求，多数塑料护角易脱落，安装、拆除、周转过程中的操作要求较细致，经常出现局部管理不当，材料损耗比较大。

5）技术应用建议

可重复使用的标准塑料护角可采用硬质塑料，在保证使用功能的前提下，提高一定的强度，以保证标准塑料护角的周转次数，降低因塑料护角破损而带来的损耗率；建筑构件的基面提前进行打磨处理，以保证基面平整光滑，安装时采用的胶粘剂可以为玻璃胶或者普通双面胶，尽量不要使用粘结力太强的胶水。

7. 键槽式模板支架技术

1）核心内容与应用范围条件

承插型键槽式钢管模板支架技术运用中心传力原理，在内支模架结构设计上取得了突破性进展，形成了承插型键槽式钢管模板支架为主的产品系列（图 2-69）。

（a）　　　　　（b）

图 2-69　承插型键槽式钢管模板支架

产品采用立杆插座和水平杆插头竖向插接的方式，形成中心传力的结构形式，架体顶部采用可调顶撑插接四个方向水平杆且可连接竖向斜杆的形式，消除了架体顶部的自由端，改善了钢管支架结构体系的受力状态，提高了承载力和稳定性，保证通用性和安全性。产品经过了各项结构性能试验和高支模试验以及国内行业专家组论证，确认达到和超过国家标准的要求。

主要技术指标见表 2-8。

承插型键槽式钢管模板支架主要技术指标　　　　　　表 2-8

检测内容	规格	钢材牌号	极限承载力（kN）
节点抗剪承载力	φ48×3.0	Q235	117
节点抗拉承载力	φ48×3.0	Q235	57
节点抗压承载力	φ48×3.0	Q235	110
顶杆承载力	φ30～700	Q235	125
水平杆承载力	φ48×3.0×1200	Q235	6（加强型23.4）
整架承载力	φ48×3.0	Q235	50（每根立杆）
节点刚度	φ48×3.0	Q235	12.63

承插型键槽式钢管模板支架具有规格齐全、搭拆方便、安全可靠、节省人工等优点，可广泛应用于建筑、市政、公路、铁路等工程建设领域的模板支架。

2）应用成效

承插型键槽式钢管模板支架在设计时已考虑了降低劳动强度，支架体系型号考虑了个人施工的便利性和安全性，立杆以 2600mm 和 3100mm 为主，重量不超过 12kg，方便工人搬运和装拆，且不会有零散的配件跌落，减小施工危险性，具有较高的安全性，可减少事故隐患。

承插型键槽式钢管模板支架的结构精密，铸造配件质量好，自动焊的使用使得该产品的施工偏差小，热镀锌材料具有防腐防锈的特点，应用承插型键槽式钢管模板支架可节约钢材及竹木资源、促进环境保护。承插型键槽式钢管模板支架的推广应用将产生良好的社会效益。

3）应用关键点

承插型键槽式钢管模板支架体系对进场支撑体系构件进行严格验收，钢管壁厚必须满足 3.0mm 正偏差，键槽连接插头与钢管连接焊缝必须饱满。搭设前在基础上弹线定位，保证搭设规整。梯形凹槽的连接节点要求支撑面必须平整，平面标高误差不超过5mm（4m 水平尺测量），搭设过程中每个连接插头尤其是顶部插头必须严密咬合，顶板起拱保证从中间向两边均匀连续。

4）技术应用存在的问题

键槽式模板支架体系单价一般为 5400 元 /t，相对普通钢管扣件支撑架 3600 元 /t 的单价较高，另外其产品价格随钢材价格浮动较大；键槽式模板支架中立杆插座部位一般为立杆薄弱环节，立杆抗弯折能力较差，易在立杆插座部位折弯，同时水平杆插头采用竖向插接的方式，拆除及安装过程中均会出现插头与水平杆角度变形的情况，频繁的弯折水平杆插头部位，易造成水平杆插头疲劳破坏，一段插头破坏，水平杆即失去效用；现场混凝土浇筑时，如果保护不到位，立杆插槽处易被混凝土浆液及细骨料堵塞，一旦堵塞，立杆即失去效用。

5）技术应用建议

键槽式模板支架虽然单价较高，但架体无需其他配件，无需裁剪杆件长度，也没有扣件损耗；键槽式模板支架中立杆插座部位进行加强，插座处钢管壁厚加厚，钢管开口部位加设内部肋板连接上段立杆，水平杆插头处采用铸铁，提高配件质量，连接弯头采用机械自动焊的方式，减少生产的误差；现场混凝土浇筑时，局部部位采用保护措施，立杆插槽处上部采用倒置外扩的方式，对渗漏的混凝土浆液及细骨料进行隔离，避免堵塞情况。

8. 地下水的重复利用技术

1）核心内容与应用范围条件

通常建筑施工中对地下水的处理方法（图 2-70）为：根据建筑需要进行降水施工，抽取地下水、地表水等，从而降低地下水位，并将抽取的水一般排入市政下水管网。为了可持续发展，在建筑施工中可以充分使用地下水，减少抽取量，并合理利用抽取的地下水，进而产生良好的经济效益和社会效益。

(a) (b) (c)

图 2-70 建筑施工对地下水的处理
(a) 洗泵水管与厕所冲洗水管；(b) 转换层加压泵及管道；(c) 塔楼消防水管

对于施工中抽取的地下水的利用,主要有两个利用方向,一个是本建筑施工中利用的,如现场打桩施工用水、混凝土润泵及洗泵施工用水、混凝土养护用水、现场临时消防用水、厕所冲洗用水、场地除尘及车辆冲洗用水等;另一个是建筑施工场地外用水,如建筑周边的绿化用水、市政用水及其他用水。

现场使用抽取的地下水,首先需要过滤沉淀,即将地下室的地下水及底板地表水集中抽取到沉淀池中,待其澄清后进入蓄水池。可以在地下室利用原设计的水池当作蓄水池,若原设计没有,可根据现场自行设计一个蓄水池,然后通过加压泵加压,用管网将水送到各施工用水点。具体流程如下:地下室抽取水→过滤沉淀→蓄水池→施工管网→施工用水。

应用范围:适用于设计有深地下室,需要降低地下水水位的工业与民用建筑。

2)应用成效

采用地下水重复利用技术可以为工程以及企业带来较大的经济效益,对于那些大工程、所需工期时间比较长的工程,由此带来的经济效益就更加可观了。

采用地下水的重复利用技术在获得较大的经济效益的同时,在施工中采用抽取的地下水,很大程度上减少了市政排水和市政的废水处理,可节约大量城市用水,具有巨大的环境效益。

在布设现场施工管网时,应沿工地主干道边设置若干水管,可利用地下水对现场的施工干道进行及时冲洗,保持清洁,以免出现污水横流、粉尘飞扬、现场施工条件差等情况,保持施工现场达到文明施工、绿色施工的要求。

3)应用关键点

对于超高层建筑现场消防用水来说,若地下室加压泵的压力满足不了施工要求,即水压达不到施工所需压力时,可以在楼层上设置一个压力转换站,即在楼层上再设计一个蓄水池,然后再通过加压泵加压,使水压满足施工要求。考虑到蓄水池用水的连续性,为了保证施工用水,蓄水池可采用自动供水系统,从而满足施工要求。

4)技术应用存在的问题

地下水的重复利用技术适用于地下水位较高且地下基坑开挖较深的工程,因地下水的水质受地质情况影响较大,一般较难进行精确且细致的勘察及水质监测,如果水体含重金属或有害物质较多时,重复利用易对人员产生伤害;地下水含微小砂砾等,重复利用时易产生局部沉淀,对水平管道排水量产生削弱,水体中的微小颗粒对水泵叶轮损伤较大;寒冷地区冬季情况下,地下水抽出后易结冰,也对管道产生较大损害。

5)技术应用建议

针对地下水的重复利用,可结合地区地质勘探情况,再根据不同区域土壤条件,有针对性地进行地下水的抽排,水位较高时采用排水井点,水位较低时采用轻型井点,水位下降符合方案设计要求,以免对基坑周围产生不利影响,同时要不同时段进行水质检测,保障抽排的地下室不会对人产生伤害;水泵的入水口处增设过滤网,以过滤水体杂质；冬期施工时，按照冬期施工方案对外露管道进行保温覆盖，以免冰冻。

9. 工人生活区 36V 低压照明应用技术

1）核心内容与应用范围条件

36V 低压照明是为了保障工人的生命财产安全，有效减小生活区发生火灾的概率，运用两级变压将 380V 高压电依次降低为 220V、36V 后供给工人生活区满足日常照明。

同时，为了满足工人降温及手机充电的需求，工人生活区另接通一条 220V 供电线路，采用镀锌套管保护，连接风扇与手机充电箱。为防止漏电事故的发生，每栋工人板房设置两个同步接地点，如图 2-71 所示。

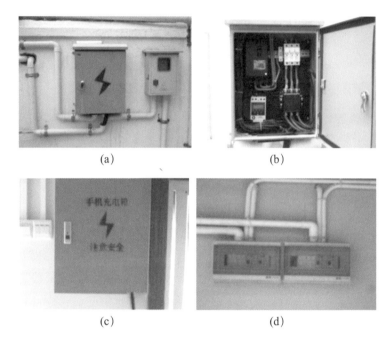

图 2-71　36V 低压照明应用技术相关设备设施

应用范围：36V 低压照明适用于采用板房的工人生活区。

2）应用成效

有效控制工人生活区大功率用电器的使用，减少宿舍内乱拉乱扯现象，能很好预防火灾的发生，保证工人的生命财产安全。

3）应用关键点

低压照明系统输入级装设 30mA/2P 小型漏电保护断路器。变压器外壳和低压 36V 一侧应接地保护，36V 输出端设短路保护断路器或熔断器。36V 照明线路可用瓷瓶架线敷设，或采用穿难燃线管敷设。灯具应采用防水灯头，或带护网的防水灯具，配用 36V 灯泡，设备应按照明功率大小选择变压器和导线。

4）技术应用存在的问题

工人生活区 36V 低压照明运用两级变压将 380V 高压电降低至 220V、36V 后供工人生活区满足日常照明，增加了变压器、微控三级配电箱及手机充电箱等设备，提高了用电设备的管理难度，同时低压只能用于照明，不能满足日益增长的新工人生活区的其他功能需求。

5）技术应用建议

工人生活区采用 36V 低压照明，避免工人生活区大功率用电器的使用，也减少了工人宿舍乱拉乱扯的想象，可在用电线路上增设电气火灾监控设备，智能监控用电器及电线，一旦存在用电负荷异常或大功率用电器发热、电路发烫的情况就会自动报警，自动控制配电箱开关断开，避免电气火灾发生。进购一批适应于 36V 电压的用电日用品，以满足工人生活区用电的多样性需求。

10.临时设施、设备等可移动化节地技术

1）核心内容与应用范围条件

伴随着中国城市化进程的加速，市区内建筑密度越来越大。建筑工程施工场地狭小已成为城市内工程建设的最普遍的问题。高楼大厦参差林立，为城市改造、拆旧建新带来极多的施工难题，施工场地狭小就是其中一个首要面临的局面。

工程项目建设过程中大量临时设施、材料及设备等占用了大量的施工用地，因此采用临时设施、设备等可移动化节地技术具有较大的可操作性。例如现阶段工程项目采取样板引路措施能很好地体现工程建设过程遇到的问题和建设完成后的成品效果，能够有效减少施工过程中因为工艺不熟练和最终成型效果差而导致的返工现象。但是在施工现场采取样板引路措施又致使本来就捉襟见肘的施工场地的规划更加的窘迫；特别是在重要的节点工序施工时，材料、设备临时占地较多的时候，样板区占地成为平面布置的掣肘。采用可移动式样板展示区（图 2-72）则可以完美解决该问题，展开观摩交底方便灵活，不会长期的、固定的占用现场场地。该措施具有节约用地，可周转使用，不会因为使用后需拆卸而产生多余建筑垃圾的优点，符合绿色施工的理念。

图 2-72　可移动式样板展示区

应用范围：适用于所有项目，尤其适用于现场用地紧张的创优项目。

2）应用成效

原理简单，操作方便，样板可实现完全周转使用，除运输成本外几乎不增加成本；完美解决了传统的临时设施及样板区在施工完成后需要拆除，几乎完全不能再利用的问题；节地效果明显，能将原本的临时设施占地和样板展示区的用地节约出来，且免除了对场地的重复平整等工序。

3）应用关键点

临时设施、样板区等搭设按照常规做法，搭设在可移动底座上；钢构件表面采取刷防锈漆等防锈措施；底座采用型钢焊接或螺栓连接，保证其稳定性；运输时应注意成品的保护，防止因碰撞而破坏设施。

4）技术应用存在的问题

临时设施、设备等占用着较大的现场区域，特别是在重要的节点工序施工时，材料、设备临时占用场地较多时，样板区占地就成了平面布置的掣肘。可移动的基座一般采用地轮方式，移动或转运的过程中均需要较大的转动半径，对场地的浪费较大；样板区一般为露天展示，且转动、移动的过程中易产生构件碰撞而破坏，可周转次数大大降低。另样板区的工艺展示受材料更新影响较大，部分工艺材料变化频繁，工艺展示样板的临时设施也就快速淘汰，更加降低整体的周转率。

5）技术应用建议

临时设施、设备等可采用预制构件，采用立体堆叠方式，尽量在一个场景中展现多种工艺，而不是工艺平铺展示，这样会大大减少场地的占用；可移动的基座可采用球形滚轮方式，可在基座原位进行移动或转运，不需要转弯场地，可大大减少移动或转运行径场地；样板区可采用防风挡雨措施，并经常安排人员进行维护和清理，转动、移动的过程中注重成品保护，可周转次数可大大提升。另样板区的工艺展示根据材料特性进行划分，材料变化小的工艺模板提前采用预制，并长久周转，材料变化快的工艺模板临时制作，使得工艺展示样板的临时设施有一定的更新周期，进而提高整体的周转率。

2.3.3　运维阶段

1. 建筑能耗监测平台

在低碳环保、可持续发展为基本国策的时代背景下，节能减排是我国城市建设及城市更新过程中的关键工作内容之一。据统计，目前我国单位面积的建筑能耗是发达国家的 $3 \sim 4$ 倍，在我国大多数城市中，90% 以上的公共建筑存在能耗过高的问题，其年平均能耗强度可达 $80 \sim 400 \ kW \cdot h/m^2$，其中照明及暖通空调能耗是主要部分，而缺乏相应的能耗监测和有效管理是造成能耗过高的主要原因。因此，加强全社会建筑能耗监管，提升建筑能源管理水平，已成为我国城市运营过程中的工作重点。

绿色建筑发展研究报告

我国政府自 2007 年开始关注公共建筑的能耗监管问题，建设部、财政部于当年发布《关于加强国家机关办公建筑和大型公共建筑节能管理工作的实施意见》，该意见明确指出：要逐步建立起全国联网的国家机关办公建筑和大型公共建筑能耗监测平台，对全国重点城市重点建筑能耗进行实时监测，并通过能耗统计、能源审计、能效公示、用能定额和超定额加价等制度，促使国家机关办公建筑和大型公共建筑提高节能运行管理水平，培育建筑节能服务市场，为高能耗建筑的进一步节能改造准备条件。在该政策的指引下，北京、天津、深圳三个城市率先建立了建筑能耗动态监测平台，之后通过试点示范工程逐步向全国推广。

住房和城乡建设部于 2017 年发布《建筑节能与绿色建筑发展"十三五"规划》，其中明确提出：要不断强化公共建筑节能管理，加强公共建筑能耗动态监测平台建设管理，逐步加大城市级平台建设力度；要强化监测数据的分析与应用，发挥数据对用能限额标准制定、电力需求侧管理等方面的支撑作用；要引导各地制定公共建筑用能限额标准，并实施基于限额的重点用能建筑管理及用能价格差别化政策；要开展公共建筑节能重点城市建设，推广合同能源管理、政府和社会资本合作模式（PPP）等市场化改造模式。目前，我国的公共建筑能耗监测系统已初具规模，该系统在能耗监管、政策制定、用能诊断等方面已发挥重要作用。

建筑能耗监测平台是指将建筑物、建筑群或者市政设施内的变配电、照明、电梯、空调、供热、给水排水等能源使用状况，实行集中监测、管理和分散控制的管理与控制系统，是实现能耗在线监测和动态分析功能的硬件系统和软件系统的统称。建筑能耗监测平台一般采用分层、分布式计算机网络结构，并通常采用模块化设计，整个系统平台可以分为分项计量子系统（物理层）、数据传输子系统（网络层）、数据存储子系统（存储层）、数据分析挖掘子系统（应用层）四大部分，其典型架构示意图如图 2-73 所示。

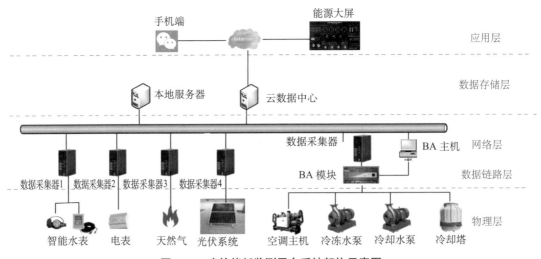

图 2-73 建筑能耗监测平台系统架构示意图

104

在图 2-79 中，物理层主要负责采集底层建筑能耗数据，包括电、水、燃气用量等数据；数据链路层主要负责把能耗数据转换成 TCP/IP 协议格式并上传至能源管理中心；网络层主要负责将采集到的数据传输至数据库服务器；数据存储层主要负责对能耗数据进行汇总、统计、分析、处理以及存储；应用层主要负责对存储的能耗数据进行展示和发布。通常，应用层可通过移动端或 PC 端进行访问。

建筑能耗监测平台内部包括的核心技术包括物联网、大数据分析、云计算、移动互联网等新兴科技，其通过在线监测单体或区域的建筑能耗，可以直观反映能源需求侧的用能特征。建筑能耗监测平台的建设者或使用者主要是政府部门及楼宇业主，政府部门通过该平台可以定量判断目标区域的节能减排效果，有效洞察目标区域的建筑节能潜力水平，从而科学制定节能管理政策；楼宇业主通过该平台则可以有效发现楼宇能源管理过程中的漏洞或缺陷，从而改善楼宇能源管理水平，提高能源使用效率，最终节约楼宇运维成本。

当前，我国建筑能耗监测平台的建设现状主要是以政府为主导，以节能服务公司为实施主体进行推广。较为典型的实施企业包括：中国建筑科学研究院有限公司、北京博锐尚格节能技术股份有限公司、上海市建筑科学研究院有限公司、上海东方延华节能技术服务股份有限公司等。以上海东方延华节能技术服务股份有限公司为例，其开发的 FindER 建筑能耗监管平台目前已覆盖全国 1150 余栋大型公共建筑，监测覆盖建筑面积超过 5600 万 m^2，累计监测点位超过 65000 个，该平台总览页面如图 2-74 所示。

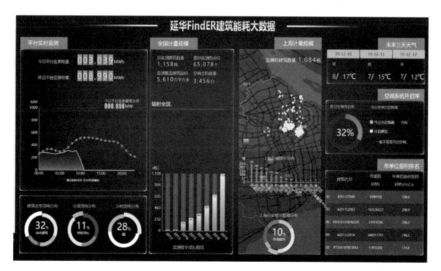

图 2-74　FindER 建筑能耗监管平台

相比国际发达国家而言，我国建筑能耗监测平台的建设工作开展时间不长，关于平台建设的技术标准化、管理规范化等工作还不到位，存在监测系统设计不准确、数据传输系统不稳定、数据存储及应用系统不完善、系统平台运维工作不规范等问题。仅近十多年以来，我国的建筑能耗监测平台多是以政府为主导进行推动建设，楼宇业主的建设积极性有待充分调动，建筑能耗监测平台的应用价值有待进一步深入挖掘。

2. 物业设施设备管理平台

设施设备管理（即 Facility Management，简称 FM）是一门新兴的学科交叉业务领域，其内涵是指"以保持业务空间高品质的生活和提高投资效益为目的，以最新的技术对人类有效的生活环境进行规划、整备和维护管理的工作"，其基本原理是综合利用管理科学、建筑科学、行为科学以及工程技术等多种学科理论，将人、空间与流程相结合，对人类工作和生活环境进行有效的规划和控制，保持高品质的活动空间，提高投资效益，从而满足各类企事业单位、政府部门战略目标和业务计划的要求。

再漂亮的高楼大厦，如果没有配套的设施设备、没有智慧的运行管理系统、没有高效的管理团队，就只是个躯壳而已。物业设施设备管理的水平直接影响着楼宇内人们的生产和生活质量，因此做好设施设备管理工作具有重要的意义。良好的设施设备管理可以为成千上万广大楼宇业主和用户创造智能、便捷、安心、放心、舒心的生活及工作环境，可以不断拓展和提高设施设备使用期限，降低设施设备全生命周期的维护和管理费用，从而不断提高物业的有形和无形价值，成为物业保值增值的有效手段。

21 世纪以来，伴随着城镇化进程的快速推进，全国各地的高楼大厦层出不穷，我国的物业管理行业也日新月异，设施设备管理的规范化、专业化、精细化水平不断提高。在当今世界经济低迷、我国经济增速放缓的新形势下，楼宇业主对物业管理单位在提升管理水平、提高运维品质、降低运维成本等方面提出了更高的要求。物联网、云计算、人工智能、BIM 等新兴技术催生物业管理行业出现了许多新理念、新技术、新模式，在这样一个信息科技革命的时代背景下，"智慧运维"已显然成了物业管理行业的关注热点。

设施设备管理平台，就是智慧运维时代典型的新一代物业管理信息化产品，其借助各类信息化技术手段，将传统物业管理的业务内容、管理制度、实施流程、运维标准等转变为平台信息化管理，可以显著提高物业管理效率，提升物业运维品质，降低物业运维成本。目前已有大量的高新技术企业从事该领域的产品开发，例如北京博锐尚格节能技术股份有限公司、上海上实龙创智慧能源科技股份有限公司、上海东方延华节能技术服务股份有限公司等。下文将以上海东方延华节能技术服务股份有限公司开发的 RFIM 设施设备智慧管理平台为例，对该类产品进行简要介绍。

RFIM 设施设备智慧管理平台是一套专门为企业与楼宇运营管理人员服务的用于设施设备全生命周期管理的 SaaS 级平台产品，其集成了物联网、云计算、大数据、BIM 等多项新兴技术。该平台利用电子标签技术建立人员、空间、设备的全生命周期台账；通过将实际系统的运行特性与标准规范进行对标，并通过 5G 等移动技术进行全流程信息跟踪；通过铺设智能传感器和物联网终端，对用能设备的运行工况进行实时监测，分析其运行规律；通过内嵌专家模型，实时诊断甚至提前预测故障及低能效状态，从而推送应对解决方案，以保证设备的安全高效运行。该产品的具体功能包括设备台账管理、运维计划与流程管理、设备实时监测预警、物业报表服务等，该产品可以帮助物业管理团队及时响应客户需求，有效降低运维成本、提高设备能效、延长资产寿命，其产品框架示意图如图 2-75 所示。

图 2-75　延华 RFIM 设施设备智慧管理平台

该产品通过今日看板、台账管理、工单管理等系统模块可以让物业管理更加细致高效，让每一项物业管理工作有迹可循；通过全局报警、设备运行管理、维护保养等系统模块可以全面掌控设备运行状况，延长设备运行寿命，节约建筑运营费用，实现设备的全生命周期管理；通过利用 BIM 模型以精细化管理理念拆解建筑内的空间结构，可以让物业管理者直观感受设施设备管理中的空间内涵；通过接入移动小程序，可以让物业管理工作更加轻松自如。该产品目前可以对八大类机电系统设备进行在线监测，具体包括：电梯系统、空调系统、变配电系统、给水排水系统、通风系统、生活热水系统、供氧系统、锅炉系统。

设施设备管理平台可以高效胜任商业办公综合体、酒店、医院、校园、工业等领域的物业管理需求，在 5G 时代来临之际，其市场潜力巨大。当前该领域的相关产品还正在逐步成熟的过程中，已有部分试点项目进行了应用，但受限于物业管理行业的整体发展水平，该类产品的市场需求还有待进一步激发，其应用价值也有待进一步探索。

3. 建筑能效精细化管理

近年来，我国大型城市的发展重点逐步由城市扩张转变为城市更新，大批量既有建筑开展节能减排对于我国完成阶段性的节能减排目标意义重大。2016年，《国务院关于印发"十三五"节能减排综合工作方案的通知》（国发〔2016〕74号）明确提出：要在新的五年计划内强化建筑节能，完成公共建筑节能改造面积1亿 m^2 以上；要加强公共机构节能，到2020年公共机构单位建筑面积能耗和人均能耗分别比2015年降低10%、11%；要强化重点用能单位节能管理，大力提升重点用能单位能效水平。

2017年，《住房城乡建设部办公厅　银监会办公厅关于批复2017年公共建筑能效提升重点城市建设方案的通知》（建办科〔2017〕72号）明确对部分重点城市的公共建筑能效提升提出了要求。例如针对上海市，要求其要在2020年底前完成500万 m^2 公共建筑节能改造，且要求公共建筑节能改造项目的平均节能率不低于15%，其中采用合同能源管理模式的比例不低于40%，要求确定各类型公共建筑的能耗限额，开展基于限额的公共建筑用能管理。为了响应国家的节能减排政策要求，各地政府也采取了相应措施，例如上海市住房和城乡建设委于2016年发布《上海市绿色建筑"十三五"专项规划》，该规划明确要求：上海地区要在"十三五"期间完成既有公共建筑节能改造的面积不低于1000万 m^2，要引逼结合转变标识发展，注重绿色建筑的运行管理，要建立绿色建筑运行监管，提升建筑运行管理实效。

随着绿色建筑规模化推进，绿色建筑发展过程中存在重设计、轻运行管理的现象逐渐显露，运营标识项目占全部标识项目总数的占比非常小。因此，加强建筑的运行管理尤其是加强建筑能效的精细化管理已是当前我国推进节能减排工作过程中的关键所在。通常，狭义上的建筑能效管理是指针对建筑运行过程中的能源消耗进行管理，而广义上的建筑能效管理是指在确保设备运行安全的基础上，通过应用智能化的技术手段，在降低设备能源消耗水平的基础上，提高建筑室内环境质量，从而实现室内人员舒适度与工作效率的有效提升。换言之，广义上的建筑能效管理关注的不仅是电力消耗，而且更关注整个建筑空间中的安全、便捷以及环境质量，通过提升用户的舒适度与工作效率来创造更大的价值。

近年来，机电设备本身的能效提升已近极致，采取精细化管理是实现设备运行能效进一步提升的必由之路。新兴的"数字孪生技术"，是一种融合了建筑、人、设备以及流程的全数字化"神经系统"，采用该技术是实现建筑能效精细化管理的关键手段。目前，在智慧城市领域，已有众多企业及科研单位从事"数字孪生技术"的相关研发工作，例如北京博锐尚格节能技术股份有限公司、华建数创（上海）科技有限公司、升宝节能技术（上海）有限公司、亿可能源科技（上海）有限公司、上海东方延华节能技术服务股份有限公司等。下文将以上海东方延华节能技术服务股份有限公司为例，对该公司研发的"数字孪生技术"产品——"能效管家"服务体系进行介绍。

"能效管家"服务体系历经三个发展阶段:第一阶段是在"十二五"期间,通过开展能耗监测及能源审计,建立建筑能耗数据信息平台,通过对积累的能耗数据进行分析,掌握区域建筑能耗水平,从而为政府制定相应的节能管理政策提供依据;第二阶段是从"十二五"末期到"十三五"初期,通过实施节能技术改造以及信息化平台建设,开展以设备更新改造为主的建筑能效提升;第三阶段是自信息科技革命以来,基于物联网、云计算、人工智能、5G 技术以及搭载深度应用的信息化技术,将"硬改造"与"软提升"相结合,通过引入高水平的技术服务和运营管理模式,对建筑设备进行精细化管理,最终实现建筑能效的全面提升。

"能效管家"服务体系,是一种创新的能源服务模式,是节能服务企业为工业、交通、航运、建筑等各个领域的用能单位提供合同式综合能效服务,能够为用能单位提供一站式能效托管,统筹解决企业的能效问题,是传统节能服务的一种升级衍生业务,可以全方位的帮助用能单位提供管理服务,降低管理成本,提升能效水平。在技术层面上,"能效管家"是应用了物联网、5G 通信、BIM、大数据、云计算与边缘计算、人工智能等信息化技术,实现工业生产、建筑运营的数字孪生,以提升全社会的能效水平,实现绿色生态高质量发展,落实智能制造与智慧城市精细化管理的服务模式。

"能效管家"提供全过程跟进式能效管理,从目标分析、能效诊断到系统优化、运行管理,目标是解决全生命周期的能效管理问题。"能效管家"依据用能单位的自身状况,在用能需求分析的基础上,精准定制能效服务解决方案,其贴身服务内容能够切中用能单位的能效管理诉求。"能效管家"作为"服务总管",通过制定能效服务标准,储备达标的服务人员、设备厂家和专业的服务公司等资源库,提供能效服务的集成化共享平台。"能效管家"通过搭建服务体系,对实施项目建立相应的标准,针对实施过程中的数据、技术、平台进行有效的过程管理,并对节能服务单位、检测单位、调适单位、认证单位进行有效的资源整合,从而形成节能产业链上下游全员参与的服务模式。

"能效管家"服务体系的目标是安全、舒适、高效,其关注管理的需求及设备的特性,以物联监测、系统集成、数据分析为技术支撑,以全员参与、健全制度、考核激励为保障机制,其利用物联网技术搭建能耗监测平台及设施设备管理平台,基于 BIM 模型对建筑的室内人员、空间、设备建立电子标签,对设备运行和维护的标准体系进行规范,并利用 5G 等移动通信技术进行全流程的信息跟踪,通过铺设智能传感器及物联网终端,在线实时监测设备的运行工况并分析运行规律,通过内嵌的专家系统模型,实现及时诊断甚至提前预测故障或低能效状态,并实施人工提前干预,从而保证设备的安全高效运行。

4. 温湿度独立控制技术

1) 核心内容与应用范围条件

室内的温度、湿度控制是空调系统的主要任务。目前,常见的空调系统都是向室内送入经过处理的空气，依靠与室内的空气交换完成温湿度控制任务。然而单一参数的送风很难实现温湿度双参数的控制目标，这就往往导致温度、湿度不能同时满足要求。由于温湿度调节处理的特点不同，同时对这两者进行处理，也往往造成一些不必要的能量消耗。

温湿度独立控制空调系统（图 2-76）的特点是将温度与湿度分别单独控制，用干燥新风通过变风量方式调节室内湿度，用高温冷水通过独立的末端（辐射方式或对流方式）调节室内温度。

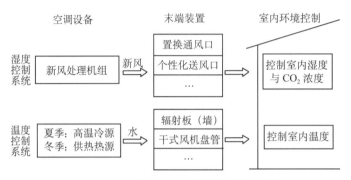

图 2-76　温湿度独立控制空调系统原理图

温湿度独立控制系统的四个主要设备分别为：高温冷水机组（出水温 18℃ 左右）、新风处理机组（制备干燥新风）、去除显热的室内末端装置、去除潜热的室内送风末端装置。其中核心设备是新风处理机组和室内显热控制末端装置。

新风处理机组溶液调湿型空气处理机组是温湿度独立控制空调系统中最常用的新风处理机组，它采用具有调湿性能的盐溶液为工作介质，利用溶液的吸湿与放湿特性实现对空气的除湿与加湿处理过程（图 2-77）。盐溶液与空气中的水蒸气分压力差是两者进行水分传递的驱动势。当溶液的表面蒸汽压低于空气的水蒸气分压力时，溶液吸收空气中的水分，空气被除湿；溶液当其表面蒸汽压高于空气中的水蒸气分压力时，溶液中的水分进入空气中，溶液被浓缩再生，空气被加湿。

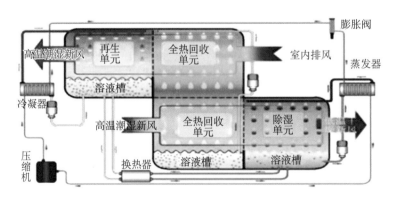

图 2-77　溶液除湿新风机组原理及空气处理过程

温湿度独立控制系统的显热控制末端可采用干式风机盘管、辐射板等形式，其中以辐射板应用最多（图 2-78）。辐射板具体又包括毛细管、辐射地板、金属辐射吊顶等形式。温湿度独立控制空调系统可用于办公、宾馆、商场及住宅。

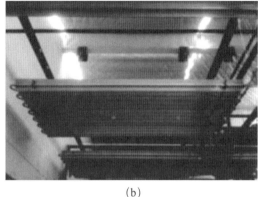

（a）　　　　　　　　　　　　　　（b）

图 2-78　对流强化式辐射板

2）应用成效

采用温度与湿度两套独立的空调系统，分别控制、调节室内的温度与湿度，全面调节室内热湿环境，避免了常规空调系统中温湿度联合处理所带来的损失。而且由于冷水机组仅承担显热负荷，冷水供水温度得以提高，空调供水温度可由原来的 7℃ 提高到 15 ～ 18℃，由于机组蒸发温度的提高冷水机组的性能系数也显著提高。湿度处理系统采用热泵式溶液调湿新风机组内置溶液全热回收单元，其较高的全热回收效率可达70%～ 80%，能有效回收排风的冷量（热量）。通过各种试验比较可以发现温湿度独立控制空调的节能率为 20%～ 30%，其中冷源的贡献率最大在 70% 左右。

3）应用关键点

建筑渗透风量的影响：建筑中由于门窗缝隙等带来的渗透风会给建筑带来一定的热湿负荷（需计入室内负荷），影响空调系统的运行。当室外空气非常潮湿时，渗入的潮湿空气将会提高室内的含湿量，使得设计在干工况下工作的末端设备（辐射板、干式风机盘管）等存在结露隐患。某案例显示，在夏季系统调试期间，室内湿度不容易降下来，而新风机组的实测送风量与送风含湿量均已达到设计工况。经过现场观察发现建筑的门窗等密闭性不是很好，该建筑空调系统设计阶段的送风含湿量为 8g/kg，但在实际运行过程中，新风处理机组的送风含湿量在 6.5g/kg 左右。导致这种差异出现的一个重要原因就是渗透风的影响。在夏季空调运行中，室外热湿空气会通过门窗缝隙等渗入室内，增加了湿度控制系统承担的负荷，为了维持室内需求的湿度控制水平，新风处理设备就需要将新风处理到比设计状态更为干燥的含湿量状态，这样就对设备提出了更高的处理要求。因此，在温湿度独立控制空调系统的设计中应当考虑渗透风量带来的影响，尤其在建筑物前庭、火车站、机场航站楼等，由于与外界直接接触、门窗开口缝隙较多、门禁需经常开启等，这些场所的渗透风现象尤为明显，在空调系统设计、运行中需仔细考虑渗透风的影响及解决方案。

5. 污染物浓度监测技术

1）核心内容与应用范围条件

有资料显示，室内空气污染物浓度为室外的 2～5 倍。室内空气污染物会引发恶心、头痛、哮喘、呼吸道刺激等疾病，室内空气质量是影响绿色建筑舒适性的主要因素之一。绿色建筑虽然在设计、施工过程中对运营阶段的室内环境质量提出了相关要求，但室内空气污染物来源种类多、难控制，室内污染物（图 2-79）、建筑材料、人员活动均会影响建筑室内空气质量。为了保持理想的室内空气质量指标，必须在运营阶段收集建筑室内空气质量的数据，进行长期有效的监测。

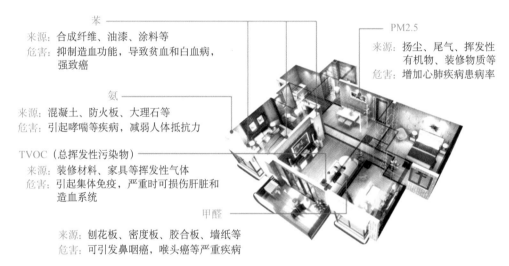

图 2-79　常见的室内污染物

污染物浓度监测技术，就是使用传感设备对 PM2.5、PM10、CO_2、苯、氨、TVOC（总挥发性污染物）、甲醛等常见室内污染物进行定时连续测量、显示、记录和数据传输。随着空气污染物传感设备和智能化技术的完善普及，建筑设备系统可以实现对建筑内空气污染物的实时采集和监测（图 2-80）。常规的污染物浓度监测系统，为保障计算监测精度，其监测系统对污染物浓度的读数时间间隔不长于 10min。此外，污染物浓度监测技术还配备报警联动的功能，当污染物浓度超过限值时，系统将会报警，并自动启动送排风系统，降低室内污染物浓度。

2）应用成效

当所监测的空气质量偏离理想阈值时，污染物浓度监测系统会做出警示，建筑管理方便会根据警示进行及时的设备调试或调整，采取降低室内污染物浓度的措施。同时，还可将监测系统与建筑设备组成自动控制系统，实现室内环境的智能化调控，在维持建筑室内环境健康舒适的同时减少不必要的能源消耗。例如，污染物浓度监测系统可以和

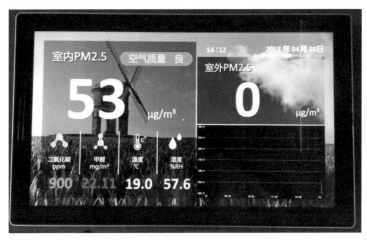

图 2-80　污染物浓度监测系统（示意）

通风系统联动，但污染物浓度超过限制时，系统自动启动送排风系统，降低室内污染物。通过此项技术，可降低室内污染物浓度，有效降低病态建筑综合征（Sick Building Syndrome，简称 SBS）、肺部疾病甚至癌症的病发率，从而保证室内居住人员的健康。

3）应用关键点

选用该技术时，建议设计师在设计阶段合理布置污染物浓度监测点位的位置和监测内容。住宅建筑建议在每户内设置空气质量监控系统，而对于公共建筑，建议在主要功能房间内设置空气质量监控系统，同时，空气洁净度要求较高的房间也建议设置该系统。针对不同的建筑结构及服务功能，选择合适的空气污染物种类进行监测，例如对于项目地点室外空气质量较差的地区，需对 PM2.5、PM10 等进行监测；对于装修工程，建议对甲醛、苯、TVOC 等污染物进行监测。在运营阶段，由于室内污染物（尤其是化学污染物，如甲醛、TVOC 等）监测数据稳定性较差，需注意污染物浓度监测装置的规范运行，可以通过定期校准传感器的方式，提高数据的可靠性。

6.建筑室内环境智能监测技术

1）系统定义

建筑室内环境监测系统是以各类空气传感器、数字终端、物联网构架、计算机局域网、信息化系统管理软件、智能终端应用软件、后台云计算、现场移动管理和动态空气消毒净化技术为应用价值主题的综合性信息化室内空气质量管理平台，将从建筑室内各个区域采集的实时空气质量监测数据经过运算分析后通过有线和无线网络，将数据化成为可视化公告、多媒体触摸屏查询或智能手机查询方式，让每个在建筑室内的人都能实时掌握自己所处室内空气环境的质量状况，为公众提供知情权。同时，在遇到特殊严重的室内空气污染状况时，也能及时向所处区域人员报警。系统还能针对室内各个不同区域的环境状况自动有效地采取定期消毒、净化治理和超标状况下自动治理的措施。

2）系统构成

建筑室内环境监测系统（图2-81）由监测、治理、控制这三个基础环节构成，是在软件平台基础架构上起一整套对室内空气质量实现全覆盖、全应用、全过程、全数字终端的实时管理和治理的系统集成方案。在系统配置、体系结构、集成方式和产品选型方面都能提升对建筑室内空气环境监控的整体信息化管理价值。

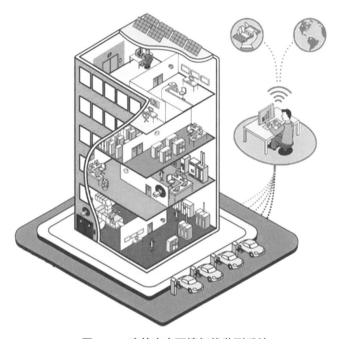

图 2-81　建筑室内环境智能监测系统

（1）监测

前端由安装在室内各个区域的温湿度传感器，一氧化碳浓度传感器，二氧化碳、空气灰尘颗粒浓度PM和挥发性有机物VOC传感器及其他各类监测室内空气质量的传感器构成。通过数字485以太网关连接，或WiFi并网到建筑内局域网，由计算机对整个建筑内每个区域监测点进行定时间隔扫描读取数据，然后建立数字模型进行建筑内空气质量环境的实时运算分析。强大的数据分析软件能比较真实地反映出室内不同区域的空气污染指数API的阶层指标和其他如氧浓度、PM、VOC的各项阶层指标。精准地监测与数据采集分析，是有效控制和治理室内空气环境的前提。

（2）告示查询与控制

所有定时扫描巡视采集的现场实时空气质量数据会通过系统管理软件将所有各型数据采集汇总、存储整理、配置显示、归类组合、统计分析，形成多模式、多条件的报告模板提供管理者作为直接决策依据。管理者通过智能终端应用软件和云计算机服务模式，将远端服务器管理软件的计算能力直接支持到现场的管理者手中，可在现场实时查看数据，建立起运营和管理者之间线上线下的信息对接和互动，实现移动管理。

对于广大公众，通过有线和无线网络，系统会把每个区域空气质量指标的数据转化成为可视化公告、多媒体触摸屏查询或智能手机查询方式进行公告，让每个在建筑室内的人都能实时掌握自己所处室内空气环境的质量状况，为公众提供实时空气质量的知情权。

建筑室内环境监测系统将整个室内空气环境治理体现出智能化特征，与大楼的中央空调 BA 系统、消防控制系统、楼宇智能化系统等形成联动（图 2-82）。

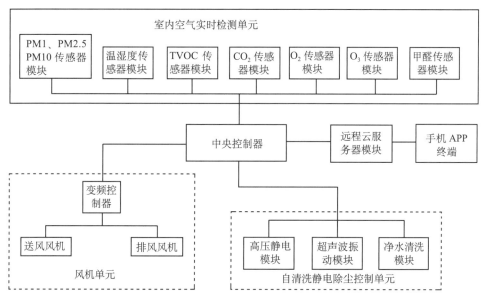

图 2-82　建筑室内环境监测系统与大楼的中央空调 BA 系统等形成联动

（3）治理

针对室内空气环境污染程度，可自动采取换气、释氧、消毒、除味、净化、除尘等综合治理措施。实施动态可持续实时消毒净化与除尘的室内自动化空气消毒净化等多种积极有效的处理方案。

3）创新理念与开放性

建筑智能化室内空气环境监控系统提出将建筑室内的空气质量监控管理形成一个独立系统，并通过各种先进的技术手段来集成、强化和提升效能。

建筑智能化室内空气环境监控系统的开放性和兼容性体现在：

（1）对公众的开放性。系统通过 WIFI/4G/5G 网络连接管理平台，实现智能手机、平板电脑的现场空气质量的实时查询和管理。这种开放性让在建筑室内的公众对所处环境的空气质量有了知情权，生活得更安心与惬意。

（2）对管理者的开放性。各级、各区域部门的管理者可以通过授权，很方便地获得管理、查询、记录数据的需求。

（3）对各类产品集成的开放性。系统保证软件的开放性、先进性和可扩展性。通过这个公共开放的室内空气环境监控平台，利用简单的转换接口把各类与室内空气环境治理相关的产品、设备都结合起来，让相关产品和设备之间达成资源共享、优势互补的合作关系。

4）实际项目案例

（1）中建钢构总部大厦

本工程在空调机组和新风机组新风、送风管处设置温度传感器和湿度传感器，当送风温度小于设定值时，关小冷水管电动水阀开度，减少冷冻水量，使送风温度保持在设定值；大于设定值时，开大电动水阀开度，增大冷冻水量，使送风温度保持在设定值。过渡季节，新风温度小于送风温度设定值时，关闭水阀。另在空调机组回风管处设置二氧化碳浓度探测器，新风机根据室内二氧化碳传感器的浓度值，作用于新风机，调节室内的新风量。在地下室区域设置一氧化碳浓度探测器，当排风区域的 CO 浓度达到或高于设定值时，启动排风机；当排风区域的 CO 浓度低于设定值时，不动作，保持原状态运行。

（2）郑州机场 T2 航站楼综合管廊

本工程在管廊内设置温湿度探测器、可燃气体探测器、氧气探测器、H_2S 气体浓度监测等传感器，并通过标准通信接口接入建筑设备监控系统、门禁系统、入侵报警系统、视频监控系统等智能化子系统，在发生紧急情况时与上述系统联动。

7. 综合管廊智慧运维技术

1）技术应用背景

住房和城乡建设部及时修订并颁布实施的《城市综合管廊工程技术规范》GB 50838—2015，对综合管廊监控与报警系统的设计做出了明确要求：综合管廊的监控与报警系统要能够全面实现管廊内环境监测、设备监控、安全防范、灾害预警与报警等功能，为管廊运行提供准确信息和动态管理数据，对综合管廊突发事件的处置提供决策依据，为管廊的安全运行及管理提供技术保证。

以沈阳市南运河段综合管廊运维管理平台为例，以增强综合管廊的科技功能和提升其应用价值为目标，以综合管廊的功能类别、管理需求及建设投资为依据，对地下综合管廊进行全面信息化管理，为管廊规划设计、工程管理、管线管理、设施管理、运维管理和应急指挥等提供智能、高效、稳定的信息服务综合管理平台。

南运河智慧管廊运维管理平台采用 B/S 构架下模块化设计（图 2-83），将新一代信息技术，特别是将建筑信息模型（BIM）、地理信息系统（GIS）、人工智能（AI）、物联网（IOT）技术深度融合，集成应用于综合管廊的智慧化监控报警与运维管理，开创了国内综合管廊运维管理中 WEB+BIM+GIS+AI+IOT 集成运用的先河，实现了海量空间数据的实时可视化，为客户带来全新的真实现场感和交互感。

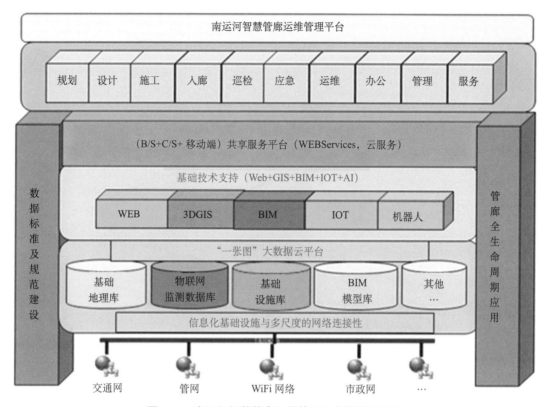

图 2-83　南运河智慧管廊运维管理平台整体架构图

2）技术应用成效

（1）BIM+3DGIS 集成技术：将微观的 BIM 精细化建筑模型同宏观的 GIS 影像图相结合，利用 BIM 与 3DGIS 技术集成来共同解决管廊信息化的问题。

（2）BIM 模型轻量化：BIM 模型通过数据动态装载技术使多分辨率层次模型自动生成。通过平台进行 BIM 数据的轻量化处理，解决了传统 BIM 轻量化转化过程中数据的丢失、异常等问题。

（3）创建协同工作平台：利用 BIM 技术，创建综合管廊的三维数字化信息模型，借助于计算机及移动终端设备，可方便进行管廊内部三维展示、管线碰撞检测、管线入廊方案模拟等协调工作。

3）技术应用关键点

（1）关键点一：由于本工程为盾构施工法，其主体结构为圆弧形，并且主体结构存在与河床、地铁、桥梁桩基等交叉处，故整个建筑模型的搭建要克服圆弧形和曲线高差的难点。平台建模采用参数化设计（图 2-84），设计参数的作用范围是几何模型，以设计参数作为形状优化的设计变量，将其转化为有限元模型分析优化程序，使有限元模型能够根据设计变量的变化，实现有限元模型的参数化。

（2）关键点二：三维弧度的多变性。不仅在平面上有水平的弧度，在垂直方向上也有弧度，这就打破了传统意义上的普通建模，需要加入内建体量配合。

当今城市综合管廊监控与报警系统的设计，应立足于运用先进的物联网技术，集成通信、数据、安全、管理及应用等方面，引入新一代信息化、BIM 与 GIS 集成化等技术，构建一体化综合管理（系统）平台，实现管廊的全面感知、智动监测、智能响应、智慧管理，从而实现智慧管廊，完成智慧城市的重要一环。

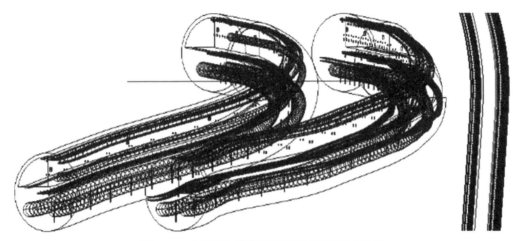

图 2-84　南运河智慧管廊运维项目管理平台建模

2.3.4　改造阶段

1. 智能检测（墙体结构、设备）

检测的前提是既有建筑和既有设备，既有的建筑结构和设备做基于 BIM 的检测和记录，便捷、快速，数据可累积。

BIM 技术与物联网技术相结合，把感应器和装备嵌入到各种环境监控对象（物体）中，通过信息化技术将环保领域各种信息进行分析与整合，以更加精细和动态的方式实现环境管理和决策。

传统的墙体检测手段落后，误差大；光机电一体化便携式 3D 激光扫描装置，内置创新的深度优化并行异构算法，使用嵌入式计算平台 BIM 再配合硬件加速器，可快速分析 3D 实景数据并且输出墙壁、顶板、地面、窗口和门口等三位对象分析和识别。再通过 BIM 智能测量算法，可选择在边缘端实时精确计算出实测实量相关测量指标的数据，也可选择批量扫描，批量测量计算，进一步提高测量效率。整体操作无需将数据转换到 PC、无需使用第三方软件、无需具有计算机培训的专业人士操作，简单方便，实现一键测量，数据上墙。

BIM 三维智能的室内场景平面分割和对象识别算法，能够自动识别场景中的测量对象，去除干扰噪声。可准确提取和识别建筑实测实量的关键三维元素，包括顶板、地板、墙面、门窗这些待测量元素，再通过自主开发的智能测量算法，满足多种场景的测量需求，包括建筑期间的全面质量检测、验收阶段的抽样检测。相比较目前的人工测量方式，该算法具有不漏检、结果可靠、测量数据数字化可追溯的优点，并且大大提升了测量的速度，相对传统人工操作整体测量效率提升 3 倍以上。

应用交互软件和 BIM 云端管理软件系统（图 2-85）包括设备端应用交互模块、手持设备端应用交互模块、管理员端应用交互模块和后台数据库模块。通过这套架构，可以简化设备操作，降低操作难度，提升测量效率，同时可以提升客户信息化管理水平，将传统的碎片化数据升级为结构化、可追溯的业务数据。

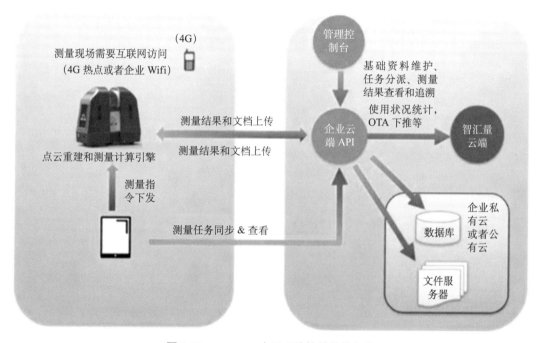

图 2-85　UCL360 应用系统软件整体架构

2. 建筑绿化（墙体、屋顶、室内）

墙体绿化是垂直绿化的一种类型，通过在建筑室内外墙壁栽植植物来绿化和美化墙壁，营造一种局部的自然生态氛围，可缓解城市热岛效应，使建筑物冬暖夏凉；吸收噪声，滞纳灰尘；净化空气；增加绿量，改善城市生态环境。在上班途中、办公室里、家里可以欣赏到生机盎然植物绿墙，感受郁郁葱葱的清新。墙体绿化（图 2-86）分为模块式、铺贴式、攀爬或垂钓式、摆花式、布袋式和板槽式。

屋顶绿化是指植物栽植在屋顶区域的一种绿化形式。屋顶绿化可以保护建筑物顶部，延长屋顶建材使用寿命；保温隔热，节约能源；提高国土资源利用率；改善城市环境面貌，提高市民生活和工作环境质量；净化空气和水源，削弱城市噪声等。屋顶绿化工程（图 2-87）可以分为草坪式、组合式、花园式。

室内绿化是建筑物内部空间的绿化。增加室内的自然气氛，是室内装饰美化的重要手段，可美化环境，陶冶情操，提高品位，净化空气。室内绿化可与室外绿化相互渗透，如利用窗台进行攀缘绿化或摆设盆景（图 2-88）。

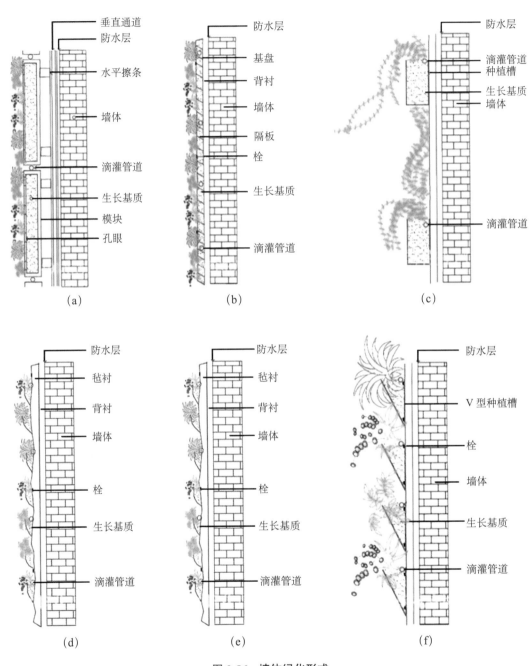

图 2-86　墙体绿化形式

(a) 模块式；(b) 铺贴式；(c) 攀爬或垂钓式；(d) 摆花式；(e) 布袋式；(f) 板槽式

(a)

(b)

(c)

图 2-87　屋顶绿化形式

(a) 草坪式；(b) 组合式；(c) 花园式

(a)

(b)

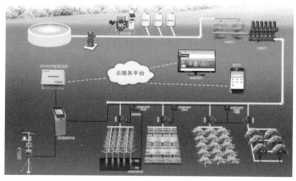

(c)

图 2-88　室内绿化及室外绿化形式

(a) 攀缘绿化；(b) 盆景；(c) 智能灌溉流程图

3. 装配式装修（外墙、屋顶、室内）

装配式装修是将工厂生产的部品部件在现场进行组合安装的装修方式，主要包括干式工法楼（地）面、集成厨房、集成卫生间、管线与结构分离等。

装配式装修的特点：所使用的材料以半成品（部品）、预制件等为主，现场制作相对较少。（1）现场施工以干法安装为主。（2）以标准化作业为主，定制成分相对较少。（3）物料成本降低，人工成本降低，维护和运营成本降低。（4）部品质量稳定性较高，功能性更强。（5）外观相对容易弥补，外观变更更方便，能够通过新材料，新技术，新工艺达到新效果。（6）设计难度相对更低，整体设计水平更加稳定。

室内设计需求多样，风格多变，材料出新，充满创意，不过总体是在一个框架内的。比如家庭装修主要包括地板、墙面、吊顶、厨卫水电等，大部分的项目需求已经十分明确，业主主要是选颜色、选款式；公装领域如酒店、公寓、连锁店等项目，需求就是统一风格，标准化、流程化扩张复制。这就给装修工业化提供了机会，如果能把这些需求（80%～90%）拆解成可以最小的产品单元，那么就能大量生产，从而降低成本。装配式装修就是基于这个需求而产生的细分市场。在这个细分市场中，Revit 软件可以发挥很大作用。

1）外墙系统和屋顶系统

外墙和屋顶承担一定荷载，可遮挡风雨，保温隔热，防止噪声，防火安全等。

BIM 在设计阶段精细化建模，拆分模型；BIM 的模块化设计来设计出可重复利用的构件，建立自由组合的模块库；BIM 技术的三维可视化技术，直观地反映了各个构件的空间关系。通过 BIM 技术数据集成的优势，来实时统计构件的用量。BIM 技术的自动统计功能和加工图功能，实现工厂精细化生产；BIM 技术实现现场吊装和施工模拟，优化装配式施工（图 2-89）。

2）室内墙面系统

墙面内装中，用户对墙的需求就是牢固、隔声，材质美观，能集成门窗、开关等构件。

在构件组合上，要留足调整的空间，增加复用率。通过这样的构件，可以拼出一个个隔墙。从一张设计图纸到一个 BIM 模型，其实就是一个整合、细化的过程。整合的越完善，现场就越可以一步到位。依据 Revit 模型中已经有的龙骨尺寸，工厂里直接加工并编号，现场师傅只是完成拼装工作。我们经常用的地板，其实就已经是一种装配式装修。装配式装修的潜力，是能以"地板"为单元，融入更多的功能。对于不同变化的内容，尽可能变成可变的参数。如果能用 Revit 的族来描述清楚，那换到任何别的平台，也是可以开发的。

最后就是安装，如图 2-90 所示。这种装配式的地板，架空地面高度 100，与常规地面高度相同。架空层下可以敷设管线。面层材料可自由选择采用地毯、木地板、PVC 地面等，也便于局部损坏后的更换维修。

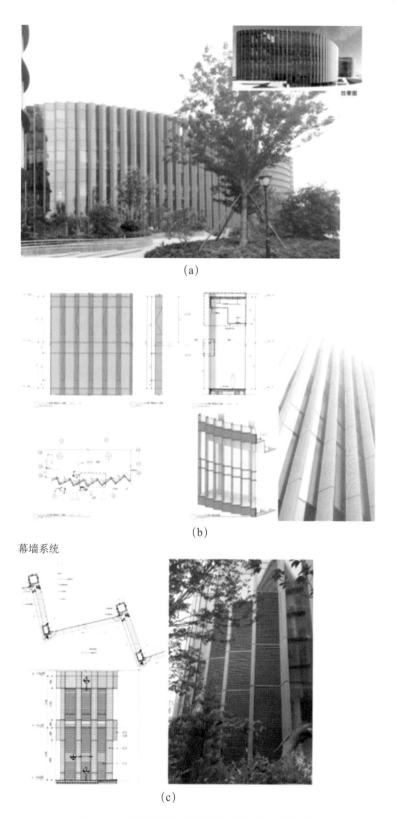

图 2-89　外墙系统和屋顶系统实景及建模示意图

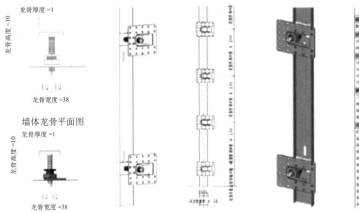

墙体龙骨平面图　墙体龙骨轴测图　墙体龙骨正立面图　墙体龙骨轴测图　墙体龙骨信息参数

(a)

龙骨尺寸图（CAD）　　　　　　　龙骨尺寸图(Revit)

(b)

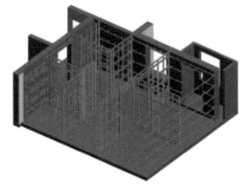

地暖模块平面图　　　　　　地暖模块轴测图　　　　　地暖模块信息参数

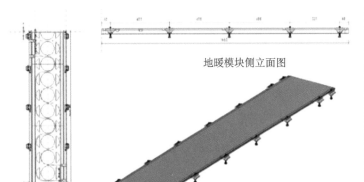

(c)

图 2-90　应用 BIM 技术进行墙面内装中的构件组合

3）室内给水排水系统

Revit 可以详细建模，如果每段管线长度、转弯处、接头个数明确，那么一根水管的走向就是明确的，这些都是工业化加工的前提。当一个构件在 Revit 中可明确描述，工厂就可准确加工，如图 2-91 所示。

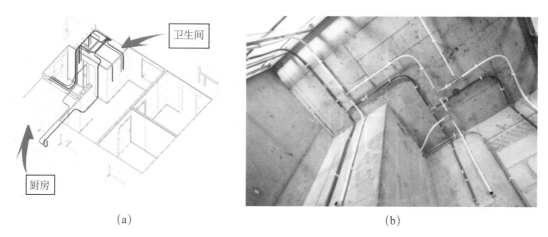

(a)　　　　　　　　　　　　　　(b)

图 2-91　室内给水排水系统 Revit 模型及实际施工效果

2.3.5　拆除阶段

1. 建筑物绿色拆解技术

1）建筑物拆除目前存在的主要问题

（1）噪声污染

随着如今城市化的进程加快，建筑施工的噪声污染问题也日益突出，尤其是在人口稠密的城市建设项目施工中产生的噪声污染，影响百姓的正常作息生活的同时，也给城市的环境和谐埋下隐患。

（2）粉尘污染

建筑在拆除过程中容易产生大量的粉尘，且粉尘突发性强、浓度高、扩散速度快、分布范围广、滞留时间长，对周边居民环境的生活产生很大的影响。

（3）建筑垃圾到处堆放

建筑垃圾基本是指建设、施工单位或个人对各类建筑物、构筑物和管网等进行建设、铺设或拆除，修缮过程中所产生的渣土、弃土、弃料、余泥及其他废弃物。它们通常不经任何处理，就被施工单位运往郊外或乡村，露天堆放或堆埋，耗用大量的征用土地费、垃圾清运费等建设经费。同时，清运和堆放过程中的移撒和粉尘、灰沙等问题又造成了严重的环境污染。

2）建筑物绿色拆除的应用技术

（1）建筑施工噪声的控制

①最大限度控制人为发出的噪声。进入拆除施工现场，尽量不要大喊大叫或者制造出机械物的敲打撞击声，另外限制高音喇叭的使用。

②凡在人口稠密区进行强噪声作业时，需要严格控制施工时间。如果遇到某些特殊情况必须昼夜施工，应当想方设法找到降噪措施，并与当地居民委员会沟通协商，得到居民的准许。

③选择低噪声的技术方法和设备

A．不同的拆除方法所产生的噪声也是不同的。采用混凝土拆除剪挤压破碎法、铣挖机铣削或金刚石绳铣削、圆盘锯切割等拆除方法，可有效降低施工噪声。

B．尽量采用低噪声拆除机械设备代替高噪声设备。例如可选用低噪声全封闭螺杆式空压机代替活塞式空压机、用液压镐代替风镐等，可有效降低施工噪声。

C．在机械拆除动力系统和机具上安装高效的消声器减少噪声，也可根据所需要的消声量、消声器的声学性能和噪声源频率特征以及空气动力特征等因素来选用相应的消声器。

（2）建筑施工粉尘的控制

①确定合理的拆除顺序。对于群体工程的拆除，可根据风向和周边的环境，制定可行的拆除方案，确定合理的拆除顺序，从而减少对周边环境的污染。

②清除建筑物表面长期吸附的灰尘。拆除之前，先将建筑物内外表面长期吸附的灰尘和楼地面的尘土用水清理干净，减少拆除时附在建筑物表面的灰尘飞扬。

③密闭或围挡施工。在拆除建筑物前沿工地四周设置连续封闭围挡，以减少粉尘向外扩散。

④湿法施工。粉尘遇水后很容易吸收、凝聚、增重，这样可大大减少粉尘的产生及扩散。可对拆除的建筑物事前进行淋水，也可以在粉尘扬起的瞬间，及时用洒水车降尘处理。

⑤避开大风天气施工。

⑥加强施工现场及周边环境空气质量的监测。在拆除场地范围内和场外设立空气质量监测点，监控施工区域和周边的空气质量，发现问题，对症下药，确保环保达标。

（3）建筑垃圾的回收再利用

拆除后的建筑废料如得到回收利用，不仅省去堆放地点，避免污染环境，还可以重新作为建筑材料利用。

①有的建筑垃圾经一定处理后，可用于砌筑砂浆、内墙和顶棚抹灰、细石混凝土楼地面和混凝土垫层，不仅获得较好的经济效益，还促进了现场的文明施工。

②采用旧房改造拆除过程中产生的碎砖瓦、废钢渣、碎石等建筑垃圾作为填料，经重锤夯扩形成扩大头的钢筋混凝土短桩并采用了配套的减震技术，具有扩大桩的端截面

和地基挤密的作用。

③将废弃混凝土和混有砂浆的废弃碎砖块分别磨至不同细度作为矿物掺和料，部分代替水泥。

④将建筑垃圾生产成标准砖、多孔砖、空心砖、空心砌块等产品。经检测，建筑垃圾制成的砖，建筑垃圾含量 70% ～ 80%，另外配有粉煤灰和水泥，部分型号砖完全由建筑垃圾制成。

⑤对新建和拆除建筑产生的建筑垃圾的主要成分进行分类和成本分析；对建筑垃圾进行筛选归类、破碎处理，进行分类、筛选、堆放等处理设备的选择和设计；进行以细骨料为主要原材料或者掺和料的水泥、混合砂浆配制用于砌筑或抹灰；进行以粗骨料为主要原料或者掺和料的混凝土配制用于次要构件或非主要受力构件应用；以粗或细骨料为主要原材料的砌体、烧结砖、免烧结砖的配制生产；以粗或细骨料为主要原材料的垫层、路基等的应用。除此以外，根据现有的技术，可利用的途径有：钢门窗、废钢筋、铁钉、铸铁管、黑白铁皮等经分选后送有色金属冶炼厂或钢铁厂回炼；废砖瓦经清理可以重新使用。废瓷砖、陶瓷洁具经破碎分选、配料压制成型生产透水地砖或烧结地砖；废玻璃筛分后送微晶玻璃厂做原料生产玻璃或生产微晶玻璃；木屋架、木门窗可重复利用或经加工再利用，或用于制造中密度纤维板。

2. 混合建筑垃圾人工智能分选技术

混合建筑垃圾通过装载机进入上料料仓，然后经过皮带输送机进入滚筒式分选筛分机进行一级分选，对混合物进行初步筛分，按粗细粒径分别处理（小于 70mm 的细粒直接进入二级分选机，70 ～ 550mm 的物料输送至负压式风选筛分单元进行处理，大于550mm 的大尺寸物件返回至卸料区进行破碎处理或回收）。

混合的物料经过悬挂式除铁器分选出铁类物质，在制定料仓中收集后统一处理。

二级分选设备由二级粒径分选和二级密度分选组成。70mm 以下的物料先经过二级粒径分选设备筛分出 0 ～ 10mm 的小颗粒物，该物质依据其混合程度选择作填埋处理。10 ～ 70mm 的物料再进入二级密度分选设备分成重物质与轻物质两种类别。轻物质主要以废纸片、小尺寸塑料膜、小尺寸保温材料为主，可以压缩打包作为燃料进行利用，重物质主要做道路垫层或填埋处理。

70 ～ 550mm 的物料进入负压式风选筛分单元分拣出以废纸、纸板、塑料膜、各种面状保温材料为主的 2D 平面轻物质和 3D 重物质。

由负压式风选机分选出的 3D 重物质输送至人工智能机器人分拣单元，经过复合传感扫描技术对物料各物质进行智能识别后，设备拥有多任务工作体系，可同时分拣不同种类的垃圾碎片。当投入设备的垃圾种类改变时，可在设备工作的同时改变机械手的分拣目标，实时、精确分析垃圾成分。基于分析的结果，机器人系统会自主按种类分捡垃圾（图 2-92），通过 6 个机械手，将不同的物料投入不同的储料仓，主要分拣的物质有：

废旧木材、石膏板、加气块、废塑料、废金属、橡胶制品等。

混合建筑垃圾人工智能分选技术

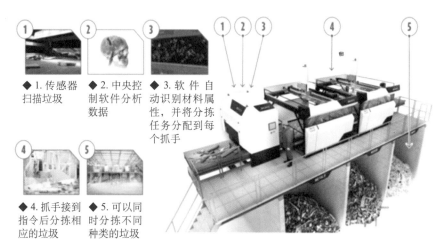

◆ 1. 传感器扫描垃圾　◆ 2. 中央控制软件分析数据　◆ 3. 软件自动识别材料属性，并将分拣任务分配到每个抓手

◆ 4. 抓手接到指令后分拣相应的垃圾　◆ 5. 可以同时分拣不同种类的垃圾

图 2-92　自动分拣系统

　　混合建筑垃圾中成分比例较多的砖混、玻璃陶瓷，机器人不予一一分拣，经皮带输送至指定料仓中统一收集用于再生利用。

　　人工智能（AI）机器人 ZRR 设备是世界上第一台用于装修垃圾分拣的人工智能机器人设备。与传统的垃圾回收利用设备不同，它是通过人工智能软件控制运行的机器人，融入了多种传感器，包括 3D 扫描器、金属探测器、光谱仪、重量计等。这些传感器收集来的数据，会输入到 ZZR 自主研发的 AI 系统里，进行判断和分辨，然后再给机械手下达指令。和大部分 AI 系统一样，它也能从数据中学习，提升自己的分辨能力，大大减低运营成本。每小时分拣垃圾 6000 次，可以快速抓起重物，最大达 1.5m、20kg，省去重型抓斗等机械设备，可连续工作 24h，有效分拣率高达 98%。图 2-93 所示为垃圾分拣车间。

图 2-93　垃圾分拣车间

3. 再生骨料高品质利用技术

1）制砖系统

通过预处理设备等将砖混垃圾制成符合要求的洁净骨料（0 ~ 3.5mm 及 3.5 ~ 7mm），通过制砖机可以做成多形式多品种的市政砖，广泛应用于市政道路人行道及大型广场、港口码头等地方。图 2-94 所示为制砖车间。

图 2-94　制砖车间

（1）原料工段

原材料分别进入料库储存备用。普通硅酸盐水泥：进厂后打入料仓备用；添加剂：进厂后部分放置仓库备用，部分打入外加剂配料仓中待用；骨料：使用时由装载机从建筑垃圾处理生产工艺线成品堆场装取，并运至配料仓卸入。

（2）计量及配料搅拌工段

按照配方，对原材料分别计量，各级骨料由配料系统计量后，由骨料提升机提至配料仓；水泥通过螺旋输送机至水泥称，计量后卸入配料仓；添加剂由自动计量卸料阀，卸入配料仓。物料配料完后卸入搅拌机，进行下一组配料。物料进入搅拌机后，先注入一定水后，开动搅拌机，搅拌 3 ~ 5min 后，通过用水量自动调节系统对拌合物进行调节后，便可出料，使用皮带运输机运至成型工段。

（3）成型工段

物料被运至成型机后，通过挤压成型为砖坯体，再由成型机的送栈板装置送上链板输送机，经过清扫器将砖坯体表面的浮渣清扫干净，输送至升板机，即进入养护系统。

（4）养护系统

砖坯体进入升板机满三板后升起一层，直至升满九层，在最低层进入升板机时，多层叉车转运车开始驶进升板机内，待最后一层升起到位后，多层叉车转运车一次将 27 板砖全部从升板机上取出，驶进养护窑中，放置养护窑中，利用太阳能养护系统，通过喷淋系统自动调节湿度。养护 8h 后取出，运送至降板机中，即进入码垛系统。图 2-95 所示为制砖工艺流程。

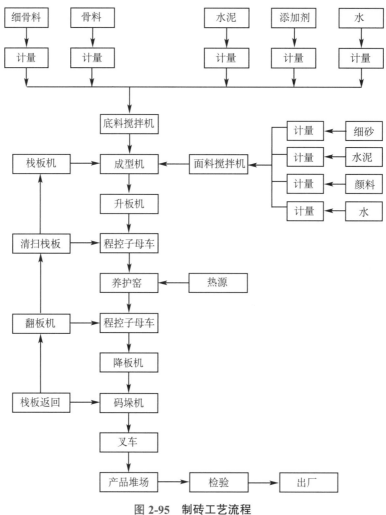

图 2-95　制砖工艺流程

（5）码垛系统

经过养护的 27 板砖送进降板机后，降板机逐层将砖降到输送机上，由输送机送至推块机，推块机将砖推离底板，砖被推到翻块排砖机上，由翻块装置将其翻转成水平，由辊道送至码垛机，砖通过码垛机码成六层，每层 18 块，共 108 块一垛，最后经送垛辊道送出车间，由叉车送至养护堆场，养护堆场码放高度 2.6m。

栈板使用后通过皮带运送到翻板机进行翻板，之后进行栈板清洗，运送到栈板仓，最后通过降板节距输送机运送到成型机准备下轮的工作。

砖在养护堆场自然养护 7d 后，可检验出厂。

2）再生骨料无机混合料（水稳）工艺流程

经分选处理得到的不小于 5mm 粒径的粗骨料可加工成道路用建筑垃圾再生骨料无机混合料，作为城镇道路路面基层及底基层使用；不小于 10mm 粒径的粗骨料可作为更底层的路基材料使用。

本工程生产的再生无机混合料主要为水泥稳定再生骨料无机混合料,生产设备为水稳拌合站。

(1) 骨料配料工段

不同粒级的骨料由装载机运至骨料配料工段,并卸入配料仓中;骨料通过固定在料仓下口的弧门给料器向皮带称量机供料,每个仓口装有弧门给料器,通过气顶开闭打开弧门配料,骨料通过皮带称量机称量。称完的骨料通过水平皮带机转送到上料皮带输送机后送到预加料斗、混合料斗进入搅拌机中。

(2) 粉料及拌合水配料工段

水泥、添加剂配料通过螺旋输送机给料,通过调速定量给料机计量后,输送至配料仓中。水配料通过水泵、止回阀和贮水斗后进入水称斗称量,在经过 DN50 管路阀时,可进行精确定量,通过管路阀进入水称斗与称量过的水一起经过 DN200 蝶阀卸入贮水斗,然后通过卸水路进入搅拌机。配骨料预加料斗 1 台,贮存称量好的混合骨料。预加料斗上装有压力传感器,以了解预加料斗中存料情况。还配有 1 台扁袋式反吹除尘器,通过离心风机抽去预加料斗内灰尘。图 2-96 所示为水稳工艺流程。

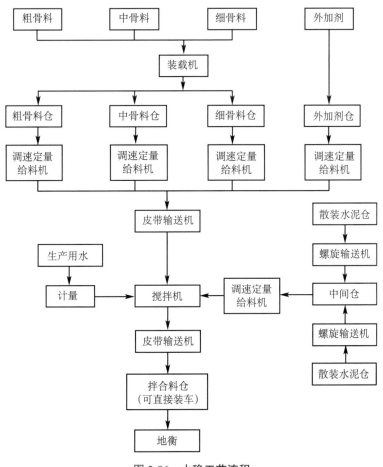

图 2-96 水稳工艺流程

（3）搅拌工段

骨料、粉料、水、添加剂称量完毕后，经由卸料装置分别进入搅拌机进行搅拌，在搅拌 3～5min 后，进行和易性能测试，测试合格后便可进入出料工段。

（4）出料工段

在搅拌平台下部装有料仓，将搅拌好的混凝土卸入料仓，料仓底部装有出料斗，装料车对好位置后，出料斗才可以开门卸料。

3）再生干粉砂浆工艺流程

再生干粉砂浆工艺流程图如图 2-97 所示。

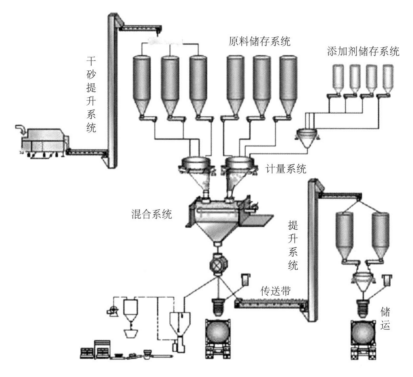

图 2-97　再生干粉砂浆工艺流程

经分选处理得到的再生细骨料（粒径≤5mm）可用于再生干粉砂浆的生产。

再生砂浆生产流程是将所有原料提升到原料仓顶部，原材料依靠自身的重力从料仓中流出，经电脑配料、螺旋输送计量、混合机拌合再到包装机包装入成品仓储存或散装入散装车等工序后成为最终产品。全部生产由中央电脑控制系统操作，配料精度高、使用灵活、生产高效，采用密闭的生产系统设备使得现场清洁，无粉尘污染。图 2-98 所示为干粉砂浆生产车间。

图 2-98　干粉砂浆生产车间

 ## 2.4　绿色建筑 + 创新科技

2.4.1　基于 BIM 的绿色智慧运维管理技术

1. 核心内容与应用范围条件

BIM 技术除可以用于建筑的设计、施工建设期以外，更重要的是，相应的数据在后期的运维中能够得到更加深入的运用。基于 BIM 的绿色智慧运维管理平台由安防安保、运行管理、数据展示三大部分组成，其中安防安保通过视频监控、电子巡更等功能可以实现从各类报警、消防管理到应急预案的闭环式管理；运行管理主要针对环境、节能、维保、人员、备品备件等方面进行排程实施等管理；数据展示则可以通过手机 APP、大屏监控、VR 系统等方式实现报表、文档和图纸等的管理。绿色智慧运维管理平台支持多业务场景如巡检、维修操作处理，全面支持建筑的多角度运管需求。

平台可实现的功能有：全方位展示、绿建管理、能耗管理、机电管理、管网管理、BIM+GIS 应急响应系统、安全保障。

1）全方位展示

BIM 平台（图 2-99）以立体化的展示方式，可视化地表达各模块的管理和运行状况，区别于二维图形管理的视觉效果，运用色彩高亮的方式，体现运行状况的直观效果。

2）绿建管理

通过 BIM 技术与物联网技术的结合，把感应器和装备嵌入到各种环境监控对象（物体）中，通过信息化技术将绿建领域各种信息进行分析与整合（图 2-100），以更加精细和动态的方式实现环境管理和决策。

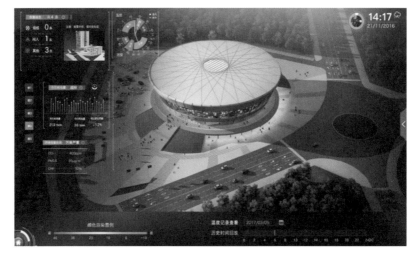

图 2-99　运维平台全方位展示界面

图 2-100　运维平台绿建管理界面

3）能耗管理

在能耗管理功能中，能够对建筑用能情况进行监测及数据整合，通过分户管理、数据浏览、能耗分析、能耗排名、定额管理等子功能，实现能源精细化管理，实现能耗降低20%以上的效果。针对绿色医院等节能需求明显的场景更加具有应用价值（图 2-101）。

4）机电管理

将电梯安全监控系统、供配电系统、制冷站系统、供暖系统、集水坑纳入到统一的计算机网络监控平台中。将智能监控系统融合至信息化管理平台，形成统一的后勤综合监控平台，对造成的故障变化进行预判反应和全场跟踪，提高故障处理效率和提升运维管理水平，及时发现和解决安全隐患。

图 2-101　运维平台医院案例的能耗管理界面

在设备监控界面（图 2-102）上，可在漫游的同时选择设备查看实时信息，并可通过 360°旋转、缩放和平移设备模型，了解设备构造、运行工况和报警信息，实时调整运行参数。

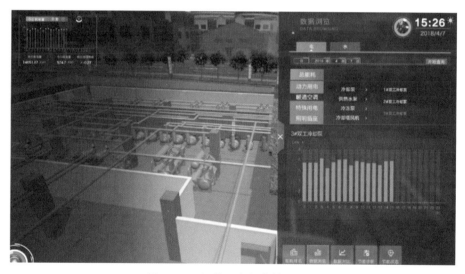

图 2-102　运维平台机电管理界面

5）管网管理

运维平台可对楼宇中的水网、气网以及消防管线进行集中管理，系统可显示查询区域管网上下级连接设备、阀件信息，并在三维空间模型中以颜色渲染的形式显示可能影响的范围。同时通过 VR 头盔可以远程对设备进行查看及管理（图 2-103），融合多源信息，交互式的三维动态视频结合实际行为，体验真实，也可用于新员工培训。

图 2-103　运维平台管网管理界面

6）BIM+GIS 应急响应系统

结合 BIM 和 GIS 的平台数据，可在消防管理中实现实时响应的效果（图 2-104）。结合大环境 GIS 与消防应急中心的数据，对建筑周边的消防进行应急管控，实现指挥调度可视化和培训演练可视化。

图 2-104　运维平台消防管理界面

7）安全保障

BIM 绿色智慧运维平台的安全保障主要分为安防管理和系统联动两大部分。安防管理（图 2-105）通过访客数据、人脸识别、人员定位等数据的采集，能够实现多重报警和监控。系统联动则是通过安防数据报警同步触发烟感报警、门禁报警、非法闯入报警的功能。

图 2-105　运维平台安防管理界面

基于 BIM 的绿色智慧运维平台有以下几个特点：

（1）BIM 可视化，将隐藏在面板之下的系统清晰直观地表现。

（2）互联互通，所有设备接入一个平台。

（3）预测性维护，事先故障告警，在线工单及时处理。

（4）节约能源，实现绿色运维。

（5）节约人力成本，提高效率。

2. 应用成效

基于 BIM 的绿色运维管理平台能够打通动静态数据，实现后勤运维全生命周期数据的采集和运用，通过 BIM 模型将多维数据相互连接，打通多系统的一体化运行监控，以设备系统为核心运行监控，实现全生命周期、全信息状况的覆盖。

同时，平台将智能监控系统融合至信息化管理，形成统一的后勤综合监控平台，对造成的故障变化进行预判反应和全场跟踪，提高故障处理效率和提升运维管理水平，及时发现和解决安全隐患，确保建筑体和建筑内部功能运行的安全。

3. 应用关键点

运维平台通过三大引擎实现整个智慧运维的作用：智能诊断引擎、工作流引擎和深度节能引擎。

运维平台的智能化体现在智能诊断引擎的使用上，通过基于规则（专家知识）、黑箱和灰箱模型以及物理模型和灰箱等多重模型判定，层层递进。目前智能诊断引擎可实现 160 多类诊断报警库，可有效满足多种绿色建筑的管控需求。

运维平台的业务数据采集通过"智能工单"系统进行。通过系统根据报警信息自动生成和派发工单，完成工单流转，智能化实现工作流的推进。

运维平台应用于绿色建筑的另一大优势则是可达到深度节能的效果。深度节能引擎通过深度节能需求分析：明确建筑节能需求类型和能耗高企重点，基于大数据模型进行系统优化控制，通过对接不同BA系统，分析设备间耦合性能特性，建立节能最优算法，进行优化仿真计算，输出最优系统控制设定。

2.4.2 智能建筑控制技术

1. 核心内容与应用范围条件

智能建筑控制系统（图2-106）广泛应用在商办大楼、住宅、卖场、展会中心、医疗机构、学校、交通运输中心、百货公司及饭店等空间，针对不同场景定制控制策略，以满足安全、舒适、便利、节能及管理五大诉求，提供给楼宇使用者及物业管理者更优质的智能感受。智能家居管理系统是对照明、空调、电路、安防、窗帘及人员状态等系统的综合智能管理，透过系统化平台的管理模式，在提升建筑舒适度的同时节约能源使用，降低碳排放。

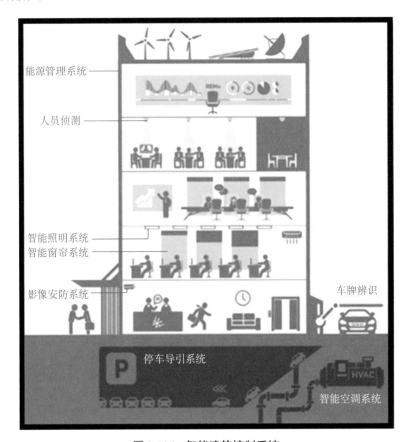

图2-106　智能建筑控制系统

系统透过电脑端或移动端软件为住户提供自主化管理的入口，做到区域管理、能源使用、设备状态、环境信息、人员状态等数据实时显示，为运维人员提供了翔实的数据支撑；同时，可在控制系统内完成无线控制、一键启停、场景模式设定管理、能源管理报表生成等操作，有效提高管理运维效率，并减少运维投入。

　　智能照明控制：通过照度感应器自动感知日光强度，联动灯具、窗帘自动调节，在达到人眼最舒适的光照环境的同时，达到系统最优能源应用状态。智能照明控制（图 2-107）还可对不同场景设置合适的照明策略并搭配人员感应器，根据区域内人员情况自动判断照明开关，以达到有效降低照明用电的目标。

图 2-107　智能照明控制系统

　　智能空调控制：透过环境传感器侦测环境温湿度与 CO_2 浓度，联动控制各项设备运转情况（图 2-108），如：当检测到室内 CO_2 浓度过高时，自动协调新风系统加大新风量供给，以此维持最佳环境舒适度，真正做到与环境互动，智能调节应用状态。同时，通过全域全面性的空调节能控制，可达到空调系统能源利用最优化。

　　人员健康控制：利用 IOT 物联芯片，管理智能储物系统、健康升降系统、智能空间预约管理系统等（图 2-109），设置久坐提醒、饮水提醒等并将使用者的健康数据，如呼吸频率、心率、血氧和血压都汇总到系统进行分析，关心使用者健康，提醒使用者合理工作，让管理者高效管理。

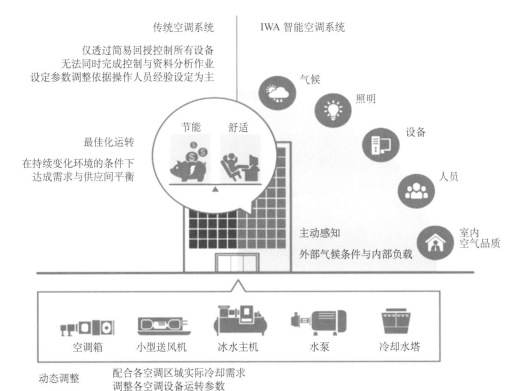

图 2-108　智能空调控制系统

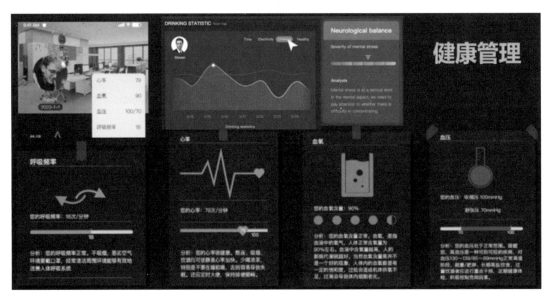

图 2-109　智能健康管理系统

能源使用管理：实时监测、统计建筑物的空调用电、照明用电等相关能耗数据（图 2-110），自动生成能耗趋势图、能源管理报告以及碳足迹等分析报表；对空调、照明等用电需量大项进行需求模拟，以提供项目能源预测及能耗衰退模拟预测等。通过管理系统，使用者可进行成本分析，调整需量管理策略、空调／照明优化策略等。

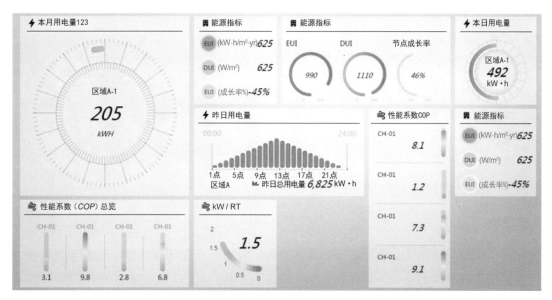

图 2-110　能源使用管理系统

2. 应用成效

智能建筑控制技术着重通过物联网技术和控制调节技术的深度融合，达到对照明、空调、外遮阳、清洁能源等专项绿色建筑能耗重点的控制和优化。

目前，智能建筑控制技术在不改变部品和设备的选择前提下，可实现智能照明的40% 节能率，空调优化费用下降 35%，空调覆盖面积效能提升 50%，总体能耗下降 40%以上的效果。

同时，通过优化算法，在满足能耗下降的同时可以提升使用者的体感舒适性，通过场景化设置，结合日照的检测、人员的侦测，可以无限控制灯光的亮度调节和电动外遮阳的自动开合；还可以整合清洁能源的使用，通过光伏和雨水回收系统的智能分配，达到绿色节能、健康舒适并存的效果。

3. 应用关键点

智能建筑控制技术通过无线控制和精细化优化算法实现。无线控制通过支持多线程和可编程功能的无线控制器，直接叠加在设备外部，采用无线通信技术，网状拓扑传输架构具有低功耗、低成本、高稳定度及建置简易的优点，节约大量布线的成本。

通过精细化优化算法，实现一对一的单一设备的控制，适应空间内不同位置不同应用场景的人体需求，通过整合昼光利用、新风智能化使用和清洁能源的智能分配，同时满足能耗节约需求和室内体感舒适的需求。

2.4.3 虚拟现实（VR）与增强现实（AR）技术

1. 核心内容与应用范围条件

1）虚拟现实（VR）技术

虚拟现实（VR）技术是基于计算机可视化技术，生成模拟环境的仿真系统，能够为参与者提供包含多元信息融合的、交互式的、沉浸式的三维体验。

简单而言，虚拟现实技术就是人们利用计算机创建具有真实感的 3D 虚拟环境，通过 VR 设备提供视觉、听觉、触觉等方面的模拟，让用户如同身临其境一般，并且可以通过身体的动作与虚拟空间内的景物及事件进行互动。

虚拟现实（VR）技术的三个主要特性为：沉浸、交互、想象，即 3I 特性。沉浸性：指用户在虚拟环境中所感受到的场景真实程度，包括视觉、听觉、触觉等多方面感受；交互性：通过头盔式显示器及控制手柄等设备，用户可通过自身的自然行为与虚拟场景互动，如通过肢体的移动、眼球的转动等观察和操作环境中的物体；想象性：用户可通过虚拟场景中获得的信息及与场景的互动，深化知识概念学习或萌发新的创意。

2）增强现实（AR）技术

增强现实技术（AR）是利用光电显示技术、交互技术、传感器技术、图形技术、多媒体技术等将计算机系统生成的虚拟信息叠加至用户周围的真实场景中，使用户感觉虚拟信息是其周围真实环境的组成部分，增加用户对现实世界感知，从而实现对现实的增强效果。

增强现实技术（AR）具有虚实融合、实时交互、三维注册三个突出的特点。虚实融合：将计算机生成的虚拟物体或关于真实物体的非几何信息叠加到真实场景中，通过显示设备将虚拟信息与真实环境融为一体，并呈现给用户一个虚实结合的真实的新环境；实时交互：在已有的真实世界的基础上，为用户提供一种复合的视觉效果，当用户在真实场景中移动时，虚拟物体也随之做出相应变化，实现人与环境的实时互动；三维注册：通过动态的追踪，即使拍摄真实场景的摄像机位置发生了改变，虚拟信息仍可以实时地附着在真实的场景中，随着摄像机移动后真实场景的变化而发生变化，实现实时融合。

2. 应用成效

1）虚拟现实（VR）技术的应用

目前虚拟现实（VR）技术在建筑领域主要基于 BIM 的数据信息，应用于建筑设计、施工、运维等环节：

（1）规划与设计阶段：从建筑方案设计到室内效果，VR 都可以让用户身临其境地在建筑中任意漫游，去感受具体家具与空间的尺度，获取如材料与特性等基于 BIM 数据信息，对任何不满意的地方即可进行标注，及时反馈，进行下一步的优化与调整。不管对于设计方还是甲方而言，都是十分便捷的工具。对于设计方来说，VR 对 BIM 模型的实时渲染为其减少了不必要的工作量，并提升了 BIM 的设计灵活性。

（2）施工图设计与节能计算阶段：在此阶段，VR 技术将更好地将 BIM 模拟碰撞检测等应用的具体操作可视化，实现 BIM 可视化的升华体验，并且使不同专业的设计集中到一个协同显示与设计平台，使设计师和甲方都可以更明晰地看到问题所在。

（3）工程实施阶段：工程质量管理可以通过场景模型系统、考核评分系统等子系统，针对各种标准施工工艺，将其从各种技术文件和国家标准中抽取出来，设计出符合实际需求的 VR 交互流程。通过 VR 技术建立的虚拟体验场景，结合全身动作捕捉、体感和电击等力反馈穿戴设备，可以进行各种 VR 施工安全事故体验和事前施工难点预习。同时创建的可视化平台可以让施工人员在对图纸产生疑问的时候及时进行审核与反馈。

（4）运维阶段：工程试运行管理，设施运维管理可进一步发挥 BIM 数据的管理功能，集成 VR，让设备维护检修、消防应急等变得更为直观可控。同时系统可对接现场设备传感器，将实时数据传递进入 VR 场景，通过图表化的 3D 形式显示。

（5）项目营销阶段：VR 样板间能替代实体样板间，特别是在项目早期，就让业主看到完工后的效果。通过手持移动端和 VR 头盔端的多方互动，对于整个建筑项目的体验感将更强。同时集成客户信息录入和客户体验数据捕捉系统，进行大数据支持。

VR 在建筑领域的应用案例包括银川火车站、上海世博会奥地利馆等项目。银川火车站项目设计过程中由于空间形体复杂，钢架结构形式多样，设计方在设计阶段利用 BIM + VR 技术，进行三维空间实体化建模，直观实现了空间设计，钢结构创建符合要求。2010 年，上海世博会奥地利馆，由于曲面形式多样、空间关系复杂、专业协调量大、进度紧的特点，相关人员在设计阶段利用 BIM 可视化技术，大大缩短了设计变更所需要的修改时间。但巨大的专业协调量，使得各专业之间的协同设计和配合增加了难度。

另外筑云科技、上海友擎、华图视景等公司在 VR 技术的工程应用（图 2-111）方面也开展了大量研究和实践工作，对 VR 技术的成熟推广起到了显著的积极作用。

图 2-111　VR 技术应用

2）增强现实（AR）技术的应用

增强现实（AR）技术相对虚拟现实（VR）技术，用于建筑领域可以帮助建筑师和体验者更加直观地进行建筑信息体验和交互设计，同样目前仍是结合 BIM 技术进行应用为主。

（1）设计与展示：改变传统设计展示效果单一、空间尺度难以感知的问题，通过 AR 技术，将设计方案中的三维模型与真实场景 1∶1 叠加融合，并在软件内提供材质替换、动画录制、画笔标注、多终端协同等设计工具，提升设计完成度，实现最佳的展现效果。对于设计单位，可通过 AR 技术进行建筑空间推敲和协同设计，进行设计成果的展览和展示。对于施工企业，可在现场施工前利用 AR 技术进行建造规划和方案决策。对开发单位可以通过 AR 技术对建成效果进行实地感知，辅助决策方案，并在后期销售过程中进行展览展示。

（2）施工与验收：改善传统 BIM 设计无法在现场呈现、建造过程出错率高、施工验收效率低等问题，通过 AR 技术，将 BIM 模型在真实环境中进行准确定位，叠加在施工工地与项目现场。为施工环节和验收环节提供可视化的参考和指导，减少施工错误，降低返工成本，提升施工效率，对施工单位而言，可通过 AR 技术进行施工前方案模拟和施工中的施工指导、高效验收。开发单位则可利用 AR 技术强化方案可行性的审核，并配合监理单位对工程建设中的质量进行把控。

（3）运营与维护：目前建筑运营和维护过程中存在楼宇控制系统集成度低、建筑隐蔽工程无从得知以及专业人员依赖性强的特征，当设备或管路等隐蔽性问题出现时，需要花费大量时间进行排查，效率低。利用 AR 技术，将 BIM 竣工模型直接用于运维，在楼宇内部实现高精度定位，1∶1 展示隐蔽管道机电、内部装饰、环境数据等，并可与建筑自动化控制系统打通，将其传感器数据现场化呈现，帮助运维管理人员实时掌握建筑资产的运行状况，辅助快速检修、运维管理与决策。业主利用 AR 技术（图 2-112）形成可持续维护的数字建筑资产，实现楼宇数字智能化管理。运维单位可利用 AR 技术进行设备与资产的巡检，辅助日常运营维护，提高维护效率。

图 2-112　AR 技术应用

2.4.4 建筑多目标优化设计技术

1. 核心内容与应用范围条件

"多目标优化"是指在若干冲突或相互影响条件导向下，在特定区域内寻找相对最优解或非劣解的过程。"建筑多目标优化设计技术"是立足建筑学与计算机科学与技术的交叉研究视角，融合机器学习与进化算法等前沿技术与算法，在若干冲突或相互影响的建筑设计目标导向下，在建筑设计解空间中，求解权衡建筑多性能目标的相对最优建筑设计方案的设计技术。

由多目标优化问题的定义可知，"冲突的条件""特定求解区域"和"相对最优解"是多目标优化问题的核心要素。上述核心要素在建筑多目标优化设计技术中均有所对应，其中"冲突的条件"对应建筑多目标优化设计中的"优化目标"，即拟优化的建筑性能；"特定求解区域"对应建筑多目标优化设计中的"约束条件"，即建筑相对最优解必须满足的施工、防火、成本控制等强制性设计约束；"相对最优解"对应建筑多目标优化设计的结果，即优化得出的建筑设计方案，同时建筑设计方案是由一系列建筑设计参量构成的，设计者通过对建筑设计参量的参数调整来改善建筑性能，即建筑多目标优化设计中的核心内容"优化参量"。

综上所述，建筑多目标优化设计技术是多学科交叉视角下，融合了前沿技术与算法，旨在面向建筑设计合理解空间，求解能够权衡建筑多项性能目标要求的建筑相对最优设计方案的设计技术，其包括了"优化目标""优化参量"和"约束条件"三方面核心内容。

建筑多目标优化设计技术通过对建筑优化设计目标、设计参量和约束条件的调整，可适用于不同气候区、不同建筑类型的新建建筑设计与既有建筑改造设计过程，能够应用于建筑设计的方案阶段、扩大初步设计阶段和施工图设计阶段，也能够应用于建筑运行维护策略制定等方面，具有较广的应用范围。

2. 应用成效

建筑多目标优化设计技术能够提升设计者对建筑多性能目标的权衡能力，拓展设计者对建筑设计可能性的探索广度。

首先，应用建筑多目标优化设计技术，设计者可对建筑多性能展开协同优化，通过进化计算过程不断调整优化设计方向，改善建筑多性能目标水平；通过帕伦托排序，对优化得出的相对最优建筑设计解集进行排序，为设计者筛选得出相对最优建筑设计方案提供技术支撑。

同时，应用"建筑多目标优化设计技术"，设计者可通过种群迭代计算，更广泛地探索解空间约束下的建筑设计可能性；结合机器学习算法，降低建筑性能适应度计算耗时，为设计可能性探索范围的拓展奠定技术基础。

例如，基于试错实验的建筑形态设计过程（图 2-113）需根据设计者对模拟实验的主观判断制定设计决策，其对绿色性能的权衡效果和设计可能性的探索广度均有待提升；应用建筑形态多目标优化设计技术（图 2-114）展开形态设计，可实现性能设计目标导向下的建筑设计决策制定，能够基于性能模拟计算得出的适应度函数来制定设计决策。

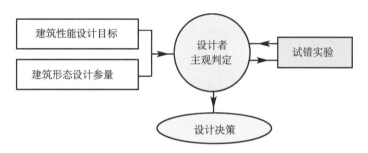

图 2-113　基于试错实验的建筑形态设计过程

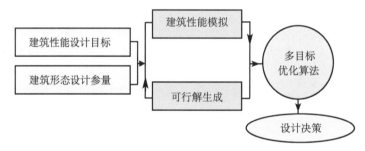

图 2-114　建筑形态多目标优化设计过程

3. 应用关键点

应用建筑多目标优化设计技术，对寒地某办公建筑展开能耗与光热性能导向下的建筑形态设计参量优化设计（图 2-115），优化设计结果表明应用建筑多目标优化设计技术，设计者能够通过种群迭代计算，更大范围地探索能耗与光热性能导向下的建筑形态设计可能性，远超过基于试错实验的建筑设计过程，并能在迭代计算过程中显著改善了建筑能耗和光热性能水平，可权衡具有制约作用的建筑能耗与天然采光性能，可为建筑多性能导向下的建筑设计决策制定提供技术支撑。

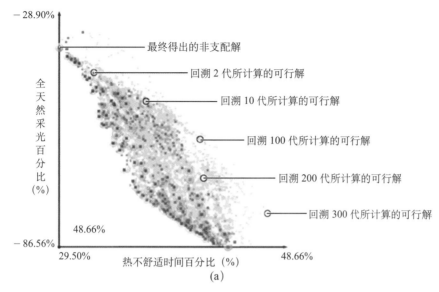

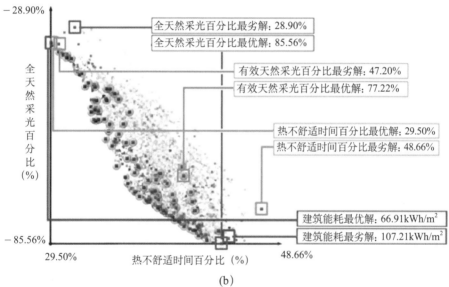

图 2-115　应用建筑多目标优化设计技术的建筑形态设计参量优化设计

（a）不同迭代计算次数下的非支配解集分布；（b）建筑多性能目标优化设计结果

♻ 2.5　思考与总结

2.5.1　绿色建筑技术日新月异

新时代，高质量的绿色建筑已经成为城乡建设领域所有建筑的重要标尺。对于建设行业这个庞杂的产业链，技术的运用与革新受到经济、气候、类型 / 功能、规模、阶段等诸多因素的影响。

绿色建筑发展研究报告

如前所述，我国幅员辽阔，各地气候差异大，不同气候区下建筑面临不同的问题，设计时需采取不同的策略。例如，对于严寒地区，与建筑的体形系数、围护结构热工性能相关的围护结构热湿性能检测、建筑形态性能驱动设计技术是比较重要的；对于夏热冬冷地区，与夏季通风遮阳、冬季供暖相关的外遮阳、太阳能和空气源热泵联合加热、双层呼吸式幕墙通风技术是比较重要的；对于夏热冬暖地区，隔热通风同等重要，以及热能利用的蓄能供冷供热、水源热泵和热回收技术比较适用。

绿色建筑以全生命周期作为考量，实施全过程所包含的设计、建造、运维、改造或拆除的不同阶段，以及建设方、设计、咨询、施工、运维管理的不同团队，也造成了技术运用的复杂性。从设计阶段来说，建筑师及不同专业设计团队应该从自身设计视角和全局整体目标出发来发现问题，以设计结合多元技术模拟、评估来解决问题，如 BIM 的全过程技术、绿色性能模拟计算分析、无人机倾斜摄影融合 GIS 技术等。从施工建造阶段来说，电动液压爬模技术、电动桥式脚手架技术、可多次周转的快装式楼梯技术、临时设施与设备等可移动化节地技术、地下水的重复利用技术、工人生活区 36V 低压照明应用技术等都极大地促进了施工的高效性，提高了能源的利用率。从运维阶段来说，目前已经涌现出一批相对成熟的建筑能耗、室内环境监测技术，为建筑的精细化能效管理与舒适性空间运营提供了便利。在以往较少关注的改造、拆除阶段，开发出了建筑物绿色拆解技术、混合建筑垃圾人工智能分选技术、再生骨料高品质利用技术。而从更本质的层面讲，如果建筑从设计阶段开始有意识地在一定程度上运用装配化技术（包括外墙、室内、结构、材料等），那么这个建筑本身将具有集成化、耐久性、适应性的特点，减少建筑的频繁建造、拆除，延长资源的利用时间，从而有效减少资源需求总量，正是绿色建筑的体现。

2.5.2 绿色建筑与技术的关系

在本章节所列出的技术中，有的已在工程实践中有较多的应用，有的新开发技术应用还不成熟，或者说只在特定的项目中得到应用。那么，作为建设领域从业者，应该如何看待绿色建筑与技术的关系，应该持怎样的绿色价值观呢？

从绿色建筑的本质来看，新时代绿色建筑应遵从以绿色生态为核心价值，从系统性、整合式的方式来搭建绿色建筑体系，规避技术和条目的拼凑，挖掘不同建筑的绿色基因，在不同阶段融合适宜的绿色策略，以建筑师为引领，各专业协同推进，通过整体平衡的方式选取最适宜的解答。如何达到这种整体性、平衡性，就是要从前期规划布局中绿色策略的决定性作用入手开始，到后续接入各专业技术细节，形成完善的绿色设计系统，处理地域、环境、空间、功能、界面、技术、流程、造价等一系列问题，并在这一过程中不断地评估修正、验证反馈，在整体系统的平衡中达到最有效的效果，而不是简单的技术拼贴和片面的要点叠加。因此，绿色建筑作为一个整合多重要素的系统，要素间的彼此平衡、条件间的互相匹配与技术间的上下融合，构成了整个系统的适应性、平衡性，只有适宜地运用技术才能更好地达到利用资源、节约能源、改善环境的目标。

2.5.3　建立适宜的技术运用导向

当今，节能环保已经成为国家的战略、行业的准则，作为建设行业从业者，应该摒弃以往一谈节能就以为是依赖新技术、新设备、新材料的堆砌和炫耀；摒弃建筑求大求新，装修奢华；摒弃节能技术的盲目套用或机械照搬条文规定，而缺少对实际问题的应对。应该倡导的是，树立节约型社会的核心价值观，绿色建筑应以适宜技术为手段，创造环境友好型的人居环境。

第3章 绿色建筑行业推动研究

我国绿色建筑的发展，离不开建设领域各类行业主体不遗余力的推动。下面主要介绍各类行业主体推动绿色建筑发展的情况和主要做法，包括开发企业、设计企业、施工企业、运维企业、绿色改造企业、拆除再利用企业、绿色建筑建材互联网推动企业等。

3.1 开发推动

3.1.1 万科集团

1. 企业绿色理念与目标

万科定位"城乡建设与生活服务商"，坚持"为普通人盖好房子，盖有人用的房子"，坚持与城市同步发展、与客户同步发展的两条主线，凸显了万科在满足人民美好生活需求方面的责任与使命。在新的时期，不管外界如何风云变幻，不断满足人民对美好生活的新需求，打造安全、健康、舒适、智慧的好产品好服务是万科矢志不渝的追求，也是万科社会责任的集中显现。

基于人民的美好生活需求，万科继续坚持打造好产品、好服务。好产品方面，从客户的真实需求出发，不断发现、理解和顺应客户的需求及其变化，打造可推广的标杆产品。一是精准定位，坚持"为普通人盖好房子，盖有人用的房子"，住宅产品持续以中小户型普通商品房为主；二是严控质量，在用好万科首创的"两个工具一张表"基础上，全面推广工程管理APP，并在全集团实施"天网行动"以提升工程质量；三是关注健康，万科通过绿色研究发展中心的深入研发，持续引领行业绿色技术的创新升级，并在项目建设过程中，严格把控建筑从设计到运营全生命周期的环保管理，做好节能降耗，营造健康舒适环境。好服务方面，万科秉持"以客户为中心"的理念，将服务好客户视为第一使命，并将"服务更多客户，服务客户的更多方面，更好地服务客户"作为基本的客户理念。住宅开发方面，万科不断迭代客户服务体系 6+2 步法，丰富客户服务内容，并广泛推广移动验房 APP 等新科技手段，提高服务效率与服务体验，总体客户满意度连续第三年提升。物业服务方面，通过坚持"安心、参与、信任、共生"的价值观，不断提升客户服务水平，为客户提供安全舒适的居住环境，并开展分层有质的邻里交流，营造人与环境和谐共生、社区邻里友好互信的氛围。

住宅和物业以外，万科也把"好产品、好服务"理念深入到各事业单元中。通过泊寓为公众提供多种租赁产品，满足不同客户的需求，致力于解决租房难、租房差、租房性价比不高等难题。通过丰富商业产品线，为客户提供品质感的消费体验，并通过倾听计划、首席体验官等活动，倾听客户心声，让商业体成为周边社区家庭的社交平台与生活中心。搭建覆盖国内一线城市及内陆核心港口城市的物流及冷链体系，并持续推进"智能化"仓储服务，增加运作高效性，进一步提升客户服务质量。持续探索冰雪度假事业发展路径，满足人民健康美好生活新需求，在保障客户安全的基础上，提升客户幸福感。通过深入的产业服务与广泛的企业服务，为客户提供舒适的办公服务与差异化的办公体验，满足客户的真实痛点。万科的"好服务"已延伸至人民生活、起居、工作的全场景，为人民的美好生活添油助力。

万科将继续坚持"城乡建设与生活服务商"战略打造好产品、好服务，不断满足客户多层面、精细化的需求，在"口碑时代"赢得客户的信赖与支持。

2. 企业主要推动措施

1）管理措施

（1）一星起步

为了配合集团实现绿色企业的战略部署，协助一线公司对《绿色建筑评价标准》GB/T 50378—2019 正确、有效地使用。在国家及地方现行有关标准基础上，万科集团与住房和城乡建设部科技与产业化发展中心共同编制适合于万科的一星起步技术标准。该技术标准通过综合分析全国和万科项目相关技术的应用情况，以及部分地区已出台的强制性标准和规范，在充分考虑不同条款技术难度、增量成本、地域性差异的基础上选择确定，并分为"基础条款"和"可选条款"两类加以实施。

（2）内部激励机制：年度绿色建筑评选机制

绿色建筑不应停留在图纸上，也不应为认证而简单堆砌技术，更重要的是通过绿色技术的应用，为客户和经营创造真实价值。万科绿色建筑大奖评选以客户和经营为导向，对绿色设计、材料部品质量、室内空气质量、建造质量、运营能耗、行业影响力等维度进行评定，实际检验绿色技术落地效果。各 BG/BU 按照申报条件上报优秀绿色项目，经集团评审工作组评定后在集团年会上发布获奖名单。绿色建筑评选主要针对万科即售型业务和持有型业务，每年评选集团十大绿色住宅和十大绿色运营奖。

2）研发投入

（1）技术研发与储备

万科高度重视绿色技术的研发和创新，不仅通过环保实践驱动地产行业的绿色发展，更期望以创新理念和革新技术突破推动人居、生活、环境的可持续发展。东莞万科建筑研究中心成立于2006年，占地200亩（图3-1）。目前，万科建筑研究中心研发人员共43人，其中博士及博士后进站人员17人。依托东莞万科建筑研究中心获取专利总共168个，其中，国内专利164个，国际专利4个，发明专利41个，实用新型102个，外观专利25个。同时，研究中心取得一系列国家资质，包括国家住宅产业化基地、博士后科研工作站、高新技术企业、中国计量认证（CMA）、中国合格评定国家认可委员会认证（CNAS）等。

图3-1　东莞万科建筑研究中心

建设雄安新区是千年大计、国家大事。2017年10月，万科在雄安新区建立雄安万科绿色研究发展中心，成为雄安新区首个投入运营的绿色技术研发实验室。万科将与雄安新区共享建筑产业化、绿色生态、环境健康等方面的技术成果，大力推广绿色生态技术，为雄安新区在绿色规划、建造、监管等领域提供支持，共同打造"蓝绿交织、水城共融的生态城市"。雄安万科绿色研究发展中心实验室（图3-2）总建筑面积4200m²，其中一期实验室2200m²，于2017年9月21日开始建设，10月17日完成，26d时间建成并投入运营。一期实验室用于新型建筑材料研究、水环境研究以及建材和室内环境检测；二期实验室2000m²，2017年12月正式运营，主要用于建筑性能研究、装配式内装研究、装配式工艺工法研究、绿色建材研究、土壤与微生物研究、被动房低能耗建筑技术研究等。未来将规划雄安研究基地，用于打造开放研发、转化、落地平台，与合作方共同推动技术创新与研发。

图 3-2　雄安万科绿色研究发展中心实验室

自成立以来，雄安万科绿色研究发展中心开展了建筑性能、结构、材料、机电性能、植物景观、水体净化、土壤修复、装配式内装及工艺功法研究、绿色建材和建筑研究、土壤与微生物研究、被动房低能耗建筑技术研究等多方面与住宅和城市配套的相关研究，并取得了非常丰富的研究成果。尤其是在住宅产业化的研究方面一直全国领先，并为中国建筑行业的技术发展、创新做出了杰出贡献。万科在工业化、绿色建筑以及环境健康方面的多项研究成果都孕育于此。

万科基于绿色建筑研究主要有以下几个方面：

①被动式超低能耗建筑。应用德国被动式超低能耗建筑技术，创新应用钢结构体系，实现室内环境恒温、恒湿、恒氧、恒静、无霾环境，同时节能率达到 92% 以上。雄安基地被动房是 2018 年全国被动房大会唯一观摩示范项目。

②装配式钢结构建筑。结合国家建筑快速建造、节能降耗的目标导向，深化万科多层的装配式体系，完善零空鼓、渗漏的建造标准以及优秀工艺技术做法。深入技术节点从结构可靠性、材料稳定耐久性、施工效率、节点处理方法以及体系经济性进行全面分析，并为体系落地做准备。应用冷弯薄壁钢梁、模块化钢结构技术体系建造以人才公寓、长租公寓为功能定位的实验楼。

③可再生建筑材料研究。包括可再生骨料研究，针对新区建设特点，对拆改建筑物时产生的固体废弃物进行破碎、筛分等再处理，将处理好的骨料用于路基填充和可再生混凝土研发相关标准研究，对于新区拆改时产生的固体废弃物进行综合规划，并对建筑垃圾的存放、管理、运输、填埋和再利用形成综合解决方案及相关标准。

④社区生态环境的改善和提升。通过多年的技术整合和应用研发，依托多年社区建设中生态环境打造的经验，聚焦生态景观、水环境、土壤治理、空气质量改善以及环境监测等方面，在社区生态环境的改善和提升方面参与新区建设。

⑤健康快建体系。A. 全干法作业打造 4 人 8d 极致工期：雄安研发团队依托长久积

累的装配式建筑研发能力，打造出适用于小户型公寓的全新健康快装技术体系，以全干法装修消除现场湿作业，实现了8d的极致工期。B.健康无醛体系呵护美好生活：针对客户对于室内装修污染的担忧，项目应用了自主研发无醛产品包体系，包含板材、柜体、建筑及辅材用胶等，装修全过程甲醛与VOC排放仅为国家标准限值20%，且满足国际最严苛WELL标准限值，实现即装即住。

（2）研发成果输出

①新材料新技术持续不断在万科项目上应用。万科通过梳理绿色建材标准及产品特性，打造健康低醛无味体系。该体系涵盖人造板材、装修界面材料、辅材和家具共16种室内装修材料，通过严格限定材料甲醛及VOC含量，实时监控装修过程中有害物质挥发量，构建了适用于住宅、商业、养老等业态的室内健康体系，可有效解决室内环境污染问题，为人们提供舒适健康的生活环境。万科积极响应国家装配式建筑政策，发挥在工业化领域的技术能力，通过开发引进新材料，打造快速装配式内装体系。该体系按照管线分离、预制拼装、饰面一体的原则，整合18种建筑部件如整体卫浴、干法地暖、饰面墙板、架空地面等，所有材料均实现工厂预制，经现场拼装，可有效缩短施工时间，降低资源损耗，减少建筑垃圾，实现可持续绿色发展。

②绿色建筑体系标准化技术手册。万科于2010年起，在国家及地方现行有关标准基础上，结合夏热冬暖地区的现状及深圳区域原有绿色三星指导手册的成果，编制《万科集团夏热冬暖地区绿色三星住区技术手册》。该技术手册包括技术组合表、项目操作流程、自评估方法和技术说明，供夏热冬暖区域各公司项目设计管理人员参考使用。

3）万科绿色建筑标杆案例

坚持绿色战略和持续进行研发投入，多年来，万科不断将绿色技术应用在工程项目中，在行业内打造诸多绿色建筑标杆案例。比如：（1）深圳万科中心是国内第一个同时获得美国LEED白金级认证和中国绿色建筑三星级标识的公共建筑，其采用业化住宅建造模式，采用热回收通风空调系统、太阳能光热、光伏系统等，通过运营获得巨大的持续性经济效益和社会效益。（2）上海世博会万科馆实现四大"自然"，主要包括自然材料：采用农余的秸秆作为建筑主要材料；自然采光：七个圆筒及中庭顶部都有采光天窗，可最大程度减少照明能耗；自然降温：建筑周边的水池在温度超过30℃、温度低于70%时，通过蒸发可降低室温；自然通风：设计了热压、风压两套自然通风系统。（3）北京世园会植物馆作为世园会中唯一的展览温室，使用ETFE膜制造顶棚，最大程度利用自然光采光，并制造自然恒温环境；室内空间采用自然光导流设备，最大程度减少照明能耗。室内水循环系统，保持室内水汽自然蒸发后回流，达到最大程度的节水效果。

3.企业推动成效

截至2018年底，集团累计完成绿色建筑面积1.47亿m^2，2018年度绿色建筑面积3501.6万m^2；2018年绿色一、二星项目面积3466.9万m^2，绿色三星项目面积34.7万m^2。

截至 2019 年 9 月 LEED 认证项目数 17 个，面积共计 118.7 万 m^2。BREEAM 认证项目 1 个（住宅），面积共计 18.0 万 m^2。RESET 认证项目 2 个（商业），面积共计 13.8 万 m^2。2019 首次参评全球房地产可持续性评估指标（GRESB）获亚太区住宅类开发商第一名。中国绿色地产榜单保持连年领先。

4. 企业推动关键点

以使用者感知为核心，将人民的美好生活与绿色建筑设计相结合，才能深化人们对于绿色建筑的认同，激发市场参与主体的推动意愿和实践，带动整个绿色建筑产业的技术研发、建材创新和技术落地，促进绿色建筑产业链的发展和绿色建筑的高质量推进。

3.2　设计推动

3.2.1　北京清华同衡规划设计研究院有限公司

1. 企业绿色理念与目标

"万物各得其和以生，各得其养以成"，中华文明历来强调天人合一、尊重自然。北京清华同衡规划设计研究院有限公司（以下简称"清华同衡"）一直秉承"绿色、人文、科技"的总体设计理念，"拜自然为师、循自然之道"，创造人与自然和谐共处的可持续生态建筑；秉承优秀中华传统，营造中国文化气质，创造以人为本的特色人文建筑；依托科技平台，整合技术资源，创造因地制宜的绿色科技建筑。

面向未来，中国把生态文明建设作为"十四五"规划重要内容，坚定不移贯彻创新、协调、绿色、开放、共享的新发展理念，以满足人民日益增长的美好生活需要为根本目的，推动绿色发展，促进人与自然和谐共生。在上述国家绿色建筑发展方针指导下，清华同衡始终怀揣"心系天下冷暖，情牵广厦万千"的家国情怀，一直坚持"自强不息，家国天下谋人居发展；厚德载物，行稳致远辅政通人和"的绿色建筑发展目标不动摇，立志为中国社会的城乡发展和人居环境建设贡献自己的力量。

2. 企业主要推动措施

清华同衡依托清华大学长期从事建筑能耗相关领域研究的人才优势，一直坚持工程实践与科研、教育相结合的发展思想，拥有一支擅长城市建筑环境与能源规划、设计、咨询、评估的专业团队，可以提供关于生态低碳规划和绿色建筑建设的技术咨询。

清华同衡提供的一站式绿色建筑咨询服务，能够完成国内绿色建筑、绿色居住区、美国 LEED、英国 BREEAM、美国 WELL 认证等全过程咨询服务；从项目可行性研究到规划设计、方案设计、初步设计、施工图设计、施工调试到运行管理，提供全方位的技术支持，从环境保护、节能减排、能源利用、环境创造、监测管理、运行维护等方面，为甲方、设计方、施工方及设备材料供应商等提供相关咨询。譬如：

（1）绿色建筑设计团队以绿色、数字建筑设计为主旨，以创新的设计手段和手法，形成独树一帜的绿色建筑创作风格。

（2）特色结构设计团队在完成常规结构设计的基础上，为不同客户提供钢结构、索膜结构、超高超限分析以及建筑减震设计及咨询。

（3）绿色机电设计团队以高舒适度、低能耗为设计宗旨，注重可再生能源的利用，为客户提供供暖通风、给水排水及电气智能化系统设计。

（4）结构优化设计团队本着3R（Reduce、Reuse、Recycle）原则，对建筑的结构及材料进行合理设计及优化，追求以较少代价实现更高安全度。

（5）绿色建筑咨询团队，通过提供绿色建筑目标设定、技术路线规划、设计方案优化、计算机仿真模拟、增量成本分析、设计图纸审查、设计标识申请、运行标识申请、奖励资金申请等一系列落地措施来推动绿色建筑的发展。

3. 企业推动成效

在绿色建筑飞速发展的这十年中，绿色节能技术的突破创新与实践应用也取得了长足的进步，各方学者和行业专家在推动绿色建筑的精细化设计与运行优化上不遗余力。其中，由清华大学带领的清华同衡团队一直致力于绿色建筑节能关键技术综合应用实践也即绿色节能效果的后评估应用研究，其参与完成的"绿色公共建筑环境与节能设计关键技术研究和应用"项目荣获了"2018年度北京市科学技术一等奖"，"年节电约2.6亿kW·h，年二氧化碳减排量约22.3万t"的研究和应用成果充分体现了其在推动绿色建筑的发展上成效显著。

在与绿色建筑共同成长的这十多年光景中，清华同衡不仅通过绿色建筑评价标识星级认证项目的数量数不胜数，而且质量上更是在历届的全国绿色建筑创新奖中均有所斩获（表3-1）。经过多年应用实践的积累和延展工作的沉淀，清华同衡将从实践中获得的经验和数据，相继整理编制出国家、地方、行业和企业标准（图3-3），以引领我国建筑节能与绿色建筑的发展。2019年，清华同衡凭借自身强大的专业实力和优质的企业口碑，连续三年获得"中国绿色建筑设计咨询竞争力10强"，同时也是唯一入选的高校企业，用实力助力绿色建筑的行业发展。

全国绿色建筑创新奖清华同衡历届获奖项目名单　　　　　　　　　　　　　　　表 3-1

年份	项目名称	获奖等级
2007 年	山东交通学院图书馆	一等奖
2011 年	华侨城体育中心扩建工程	一等奖
2011 年	苏州工业园区档案管理综合大厦	二等奖
2013 年	环境国际公约履约大楼	一等奖
2013 年	万达学院一期工程（教学楼、行政办公楼、体育馆、学员宿舍、教职工宿舍、一期餐厅、商业信息研究中心）	一等奖
2015 年	东莞生态园控股有限公司办公楼	一等奖
2015 年	卧龙自然保护区都江堰大熊猫救护与疾病防控中心	一等奖

续表

年份	项目名称	获奖等级
2015 年	北京汽车产业研发基地用房	一等奖
2015 年	全国人大机关办公楼	一等奖
2015 年	北京亚信联创研发中心	二等奖
2017 年	北京通州万达广场东区大商业项目	二等奖
2017 年	北京市丰台区卢沟桥乡西局村旧村改造项目一期 XJ-03-02 地块 5～8、10 号楼	三等奖

图 3-3　清华同衡编制标准时间轴

4. 企业推动关键点

基于性能导向的建筑方案设计和基于运行效果的绿色建筑后评估乃至绿色建筑可能的精细化发展方向，也是清华同衡努力攻关研究的重点方向。正所谓根深则蒂固，研究细分源于清华对生态规划和绿色建筑技术的认知和理解，工作的细专性让清华同衡的研究更为全面和深入，能够更好地把控生态规划或绿色建筑设计及运营中的各个节点。

在具体的工程实践中，清华同衡已形成一种特色突出的工作方法，即在"清华同衡"的平台上，根据实际工程的具体需求，充分整合院内相关专业所的技术资源，坚持"外部环境—建筑本体—室内用户"整合思考的原则，依据因地制宜、气候导向的设计方法构建技术策略体系。具体体现为三大设计理念。

理念一：宏观与微观气候适应性

根据项目所在地的温度、湿度、日照、风力、降水等宏观气候条件确立高效适用的绿色节能策略，例如自然通风、天然采光、雨水收集、生态绿化、太阳能利用、可调节外遮阳、高性能围护结构等。

理念二：被动优先主动优化策略

对园区的建筑布局、自然通风、天然采光等做出详细分析，以被动式绿色技术为主，并辅以可调节外遮阳、PM2.5新风系统、智能照明控制系统等主动式绿色技术，打造适宜的人居环境，展示低成本建筑案例。

理念三：实现建筑本身生态价值

绿色建筑并不是各高新技术的堆砌，而是从建筑意向设计、概念设计中就将生态价值引入进来。结合项目利用建筑的自身设计实现自然通风、天然采光、优化建筑布局等多重目的，将建筑元素和生态价值完美地统一起来。

清华同衡在绿色建筑全过程设计咨询的道路上脚踏实地、砥砺前行，以初心带动匠心，以匠心践行初心，用匠人精神全心服务每一位业主，并一直坚持绿色建筑工程实践与科研、教育相结合的"产学研用一体化"发展思想，积极拓展绿色建筑相关学科的研究领域，通过以产助研、以研带学、以学致用、以用促产的方式输出技术和人才，进而推动我国绿色建筑的全面发展。

3.2.2 清华大学建筑设计研究院有限公司

1. 企业绿色理念与目标

1）绿色战略及目标

企业定位：清华大学建筑设计研究院有限公司最大的优势是得天独厚的清华文化积淀与学术创新资源，以此为基础，秉承"自强不息、厚德载物"的校训精神，着力打造一支勤奋、严谨、求实、创新，勇于超越自我、追求卓越的建筑设计、研究与咨询队伍。该院坚持"精心设计，创建一流"的奋斗目标，以职业的精神，为国家、为社会承担起建筑师和工程师的义务和责任。

绿色战略与目标：该院以"高效、整合、智慧、人文"为指导思想，以因地制宜、被动优先、主动优化为技术路线，努力成为业界卓越的可持续城市规划与绿色低碳建筑设计与咨询服务机构。

2）绿色建筑研究与实践工作目标

在激烈的市场竞争中，该院的绿色工作目标聚焦为：发挥清华大学学术资源和设计院实践平台优势，打造国内领先的绿色建筑咨询、设计一体化专业平台。

2. 企业主要推动措施

1）机构设置与工作目标

该院将积极推进人居环境建设的可持续发展作为核心战略之一，并围绕其进行院的机制与技术建设。

在机制建设方面，该院已形成以科技发展部为支撑，以建筑环境与节能设计研究分院（2014年成立）、绿色建筑工程设计所（2007年成立）为龙头，以各专业所和综合所绿色设计能力全面提升为目标的，以点带面的一体化绿色建筑推进组织架构（该院组织架构如图3-4所示）。

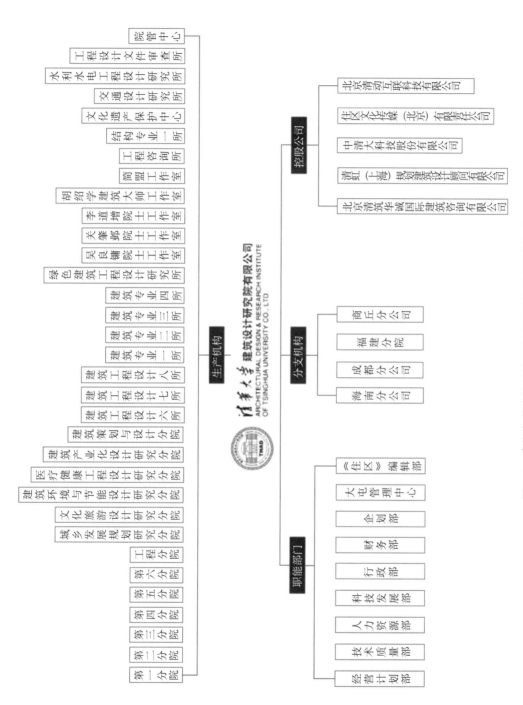

图 3-4　清华大学建筑设计研究院有限公司组织架构图

在能力建设方面，由被动式绿色设计技术体系、产业化结构体系、建筑环境—能源效率提升技术、绿色建筑构造及部品库构建等组成的绿色建筑技术支撑体系正在逐步形成，建筑策划方法学、基于 BIM 的整合设计方法等设计理论与方法的探索也伴随着课题研究得以深化。同时通过"请进来"和"走出去"两种方式，依托清华大学广博的学术资源，通过技术培训、理念宣讲、参加公益活动等多种手段，实现多专业全方位的绿色技术能力提升。

在文化建设方面，从身边的工作环境开始（该院的办公楼本部是我国最早的绿色建筑实践案例，该院的新办公楼全面按照绿色建筑标准要求，达到绿色建筑二星级评价要求），在努力营造健康建筑环境的同时，持续传播绿色建筑理念，让员工在绿色建筑中学习和设计绿色建筑，激发其自主创新意识，形成主动的绿色建筑技术研究和实践氛围。

2）绿色建筑研究与实践工作内容

与同行相比，该院将相关工作分解为：

（1）打造最全面的行业智库资源

发挥清华大学在城市、建筑、环境、新能源技术、物管等多技术领域的综合优势，形成全产业链高端智力整合平台。

（2）提供从规划到建筑的设计全过程优化服务

围绕综合环境—性能最优目标，从片区规划（宏观）和建筑单体（微观）两个方向，提供涵盖规划、建筑、结构、机电、景观、室内的全专业、全过程绿色设计服务。

（3）绿色咨询、设计一体化实践模式

有别于常规设计 + 咨询的协同模式，我们将绿色要求一体化结合到设计的全过程，实现最大限度的整合优化。

3）保障措施

（1）绿色管理及考核评价

该院的绿色管理机制还处在起步阶段，目前主要的相关要求融入"员工行为规范""员工年度考核办法""院级优秀设计奖评选管理办法""员工年度培训要求"等管理规定中，以《员工手册》的方式下发执行。

（2）绿色管理相关规定

①投资建设视频会议系统，减少公司差旅费用支出，同时减少环境污染。

②采买的机电设备需要取得"中国节能标志"及达到 2 级以上能耗标准。

③购买具有双面复印 / 打印功能复印 / 打印设备，鼓励双面复印 / 打印。

④中午休息时间，要求关闭电脑显示器（据测算，每 20 个人采用此措施 1h，可以减少 1kg CO_2 排放）；下班关闭电脑，减少待机状态能源消耗。

⑤会议室设置随手关灯提示。

⑥办公场所全部使用节能灯。

⑦办公区域设置废弃图纸单独回收点。

⑧办公区饮水设备设置自动断电装置，仅在办公时间保持饮水机具处于通电工作状态。

⑨办公区显著位置（入口处）设置可再生能源（屋顶太阳能光伏发电设施）利用提示屏，提高员工环保意识，推动员工环保行为。

⑩采用节水器具，定期巡视更换漏水设备。

⑪组织相关培训及环保推广活动。

（3）创新激励机制

该院鼓励团队或个人申报相关技术和研究课题，对于通过审查立项的科研项目提供不同程度的资金支持，对于获得国家、地方、本院等各级奖励的创新性设计项目，对项目设计者颁发奖状及奖金鼓励。

（4）相关科研资金投入保障制度

该院作为北京市高新技术企业，每年均确保年度研究开发费用不低于企业收入总额的 6%，其中该院 2017—2019 年绿色技术研发投入占年度研究开发费用的比例分别为 41%、67% 和 51%。

3. 企业推动成效

该院绿色建筑的主要工作内容包括生态城市（城区）规划设计、绿色建筑咨询与设计、建筑节能评估与环境优化咨询等。近年来，随着理论积累的深入，该院在生态规划与绿色建筑的理论和实践等方面，陆续做出了一系列国内领先的探索，完成了以清华大学超低能耗示范楼、山东交通学院图书馆为代表的数十项国内领先性的绿色建筑实践案例。

该院以关注并引领行业制高点为目标，通过承担国家和地方的绿色、低碳相关重点课题研究，积极参与国家绿色建筑与低碳生态城区标准、图集制定，多人在住房和城乡建设部和北京市出任绿色建筑评审、评价专家（参与完成项目评审 400 余项）。近年陆续参与完成《保障性住房绿色建筑技术导则》《绿色建筑应用技术图示》《北京市绿色建筑设计标准》《北京市绿色建筑设计标准指南》等编写工作。

在自身能力提升方面，该院通过自有课题方式，鼓励探索建立绿色建筑和低碳城市规划咨询设计一体化服务的新平台，整合相关分析模拟软件。围绕绿色建筑设计整体优化原则要求，打造多专业"立体"网络协作模式，初步形成由教授、专业建筑师、工程师组成的多层次研究体系。

4. 企业推动关键点

合理的机构设置与有效的工作分解，并辅以管理、考核、激励、资金等保障措施，推进企业绿色理念和目标的落地。

3.2.3 同济大学建筑设计研究院（集团）有限公司

1. 企业绿色理念与目标

同济大学建筑设计研究院（集团）有限公司的前身是成立于 1958 年的同济大学建筑设计研究院，是全国知名的大型设计咨询集团（图 3-5），是上海市绿色建筑协会理事单位、中国建筑节能协会被动式超低能耗建筑分会常务委员单位、中国绿色建筑设计咨询竞争力 10 强企业。

图 3-5　同济大学建筑设计研究院（集团）有限公司

依托百年学府同济大学的深厚底蕴，经过半个多世纪的积累和进取，同济大学建筑设计研究院（集团）有限公司拥有了深厚的工程设计实力和强大的技术咨询能力，在全国各省、欧洲、非洲、南美洲、亚洲有近万个工程案例。秉承绿色建筑设计咨询一体化的理念，同济大学建筑设计研究院（集团）有限公司在上海自然博物馆、上海博物馆东馆、上海音乐学院歌剧院、河南科技馆新馆、郑州南站、宛平剧场等绿色建筑项目上取得的丰硕成果。

同济大学建筑设计研究院（集团）有限公司的宗旨是以建筑设计为核心，以精品项目服务社会。同济大学建筑设计研究院（集团）有限公司一直致力于绿色建筑和生态城市的研究及实践，大力推动绿色建筑发展，为客户提供一流的工程咨询服务，通过绿色建筑技术推动城市的发展，建立美好生活，承担企业的社会责任，为绿色建筑行业发展和社会进步不懈努力。

2. 企业主要推动措施

同济大学建筑设计研究院（集团）有限公司一贯秉承绿色建筑设计咨询一体化的技术路线，工程技术研究院建筑节能与绿色建筑技术研究所作为其直属研发部门，通过覆盖多地区、各星级的绿色建筑咨询及申报项目，积累了丰富的绿色建筑全过程咨询经验，提供包括"绿色建筑项目研究""绿色专项技术研究"全方位咨询，"策划、设计、施工、运维"等全过程咨询。咨询服务紧密配合各设计阶段需求，以最适宜的技术体系获得最大化的绿色效益。同时，还提供单一技术的专项优化咨询及模拟分析业务，包括建筑围护节能咨询、性能模拟分析、区域能源规划、海绵城市设计咨询等，有针对性地提供有效的技术解决方案。

3. 企业推动成效

同济大学建筑设计研究院（集团）有限公司设计完成了多个具有社会影响力的重要项目。至今，同济大学建筑设计研究院（集团）有限公司已收获国际奖项 20 余项，詹天佑奖、鲁班奖、行业奖等国家级奖项 100 多项，中国建筑学会各类奖项近 150 项，省部级奖项及其他奖项近 900 项，荣获"亚洲建筑师协会建筑大奖"金奖 2 项、荣誉提名奖 1 项。"上海中心大厦"项目荣获"CTBUH 2016 世界最佳高层建筑奖"（图 3-6）；上海自然博物馆项目获得詹天佑奖、全国优秀绿色建筑工程一等奖、全国绿色建筑创新奖一等奖、LEED 金级认证；上海市委党校二期工程获得全国优秀绿色建筑工程一等奖、绿色建筑创新奖二等奖；上海工程技术大学长宁校区"原教学实习工厂楼"项目及同济大学运筹楼项目获得上海市既有建筑绿色更新改造评定金奖等。

图 3-6　"上海中心大厦"荣获"CTBUH 2016 世界最佳高层建筑奖"

近年来，同济大学建筑设计研究院（集团）有限公司还充分发挥高校设计院产学研协同的优势，以重点项目为载体，开展绿色建筑课题攻关，在科技创新、产品线研发上持续开拓，取得了累累硕果。主持了"可再生能源综合利用量核算""宁波象保合作区综合能源规划研究项目""编制风环境模拟参数确定方法和典型季主导风参数库""上海中心大厦烟囱效应成因分析及措施研究"等 200 余项课题研究；出版了诸如《建筑分布式能源系统设计与优化》《上海中心大厦悬挂式幕墙结构设计》《大跨度建筑钢屋盖结构选型与设计》等技术专著 60 余本；主持和参与了《公共建筑绿色设计标准》《住宅建筑绿色设计标准》《居住建筑节能设计标准》《公共建筑节能设计标准》等多个标准和规范的编制；参与编制了《上海绿色建筑发展报告》；发表论文近 800 篇；新申请的专利、软件著作权总计 100 余项。

4. 企业推动关键点

国家"十四五"规划中明确提出要推动绿色发展，加快发展方式绿色转型，促进人与自然和谐共生。同济大学建筑设计研究院（集团）有限公司一直致力于研发具有地域特征和文化传承的建筑整装成套技术和产品，发展新型高性能机电设备系统，开展区域综合能源规划、建筑参数化性能设计方法研究，推广基于实际运行效果的建筑性能后评估，建立建筑运行效果数据库和基于 BIM 的运营与监测平台，构建健康、舒适、节能的建筑室内外环境，打造绿色低碳的人工环境，全面推进建筑高效益、规模化发展。

此外，同济大学建筑设计研究院（集团）有限公司针对装配式建筑开展了内装一体化、装配式钢结构、木结构、铝结构等研究。在装配式建筑中对新材料的探索体现可持续理念，迎合建筑全生命周期需求，能在项目中发挥出很高的性能优势，有效推广绿色建筑的发展，推动建筑工业化进程。

3.2.4　中国建筑西北设计研究院有限公司

1. 企业绿色理念与目标

中国建筑西北设计研究院有限公司（简称中建西北院）成立于 1952 年，是新中国成立初期国家组建的六大区建筑设计院之一，是西北地区成立最早、规模最大的甲级建筑设计单位（图 3-7），曾先后隶属于国家建筑工程部、国家建委、国家建工总局、建设部，现为世界 500 强——中国建筑股份有限公司旗下的全资公司。现有职工近 1600 人，其中中国工程院院士 1 人，中国工程设计大师 2 人，教授级高级工程师 110 人，高级工程（建筑）师 446 人，工程师 388 人。享受国务院津贴专家 17 人，陕西省有突出贡献专家 4 人，陕西省工程勘察设计大师 6 人（2016 年首届），优秀勘察设计师 18 人。全院共有各类注册人员 434 人，其中：一级注册建筑师 112 人，一级注册结构工程师 119 人，注册公用设备工程师 69 人，注册电气工程师 29 人，注册城市规划师、注册造价师、监理工程师、建造师等 90 人，人防防护工程师 10 人。

图 3-7　中国建筑西北设计研究院有限公司

中建西北院以"两全一站"商业模式（即以全产业链资源的整合和全生命周期为关注点）为指导思想，并结合"四位一体"（城市规划设计、城市设计、城市建筑设计、城市基础设施和产业设计）的发展理念，为顺应在新政策带来的市场需求，于 2013 年成立绿色建筑设计研究中心，以设计为出发点，推动全院在绿色建筑设计、科研、全过程工程咨询等方向的发展。

院绿色建筑设计研究中心，隶属于绿色建筑与绿色能源工程设计研究院，是西北地区首批成立的绿色建筑设计咨询机构。中心现有员工 17 人，其中教授级高级工程师 2 人、高级工程师 4 人、高级建筑师 1 人、工程师 8 人；一级注册建筑师 2 人、注册咨询工程师 1 人、注册公用设备工程师 2 人，绿色建筑咨询顾问经验丰富。中心相关业务主要包含绿色建筑设计、绿色建筑工程全过程咨询（方案、设计、施工、验收、运营等阶段）、海绵城市设计及申报、太阳能热水设计及咨询、大型公共建筑能耗监测系统设计及咨询、建筑能耗权衡计算、近零能耗建筑咨询、健康建筑咨询、既有建筑改造、建筑声学专项设计、绿色装配式建筑评价、建筑碳排放分析、新农村绿色建筑设计、建筑节能评估、美国绿色建筑 LEED 认证、德国 DGNB 绿色建筑申报等。

2. 企业主要推动措施及成效

1）设计成果

中建西北院将绿色建筑设计理念贯穿项目设计始终，获得大量高星级绿色建筑项目设计成果，包括幸福林带、中国酵素城酵素馆等三星级绿色建筑项目，以及天人长安塔、中国延安干部学院、绿地中心、陕西延长石油科研中心、西安市公安局长安分局业务技术大楼等二星级绿色建筑项目。

2）科研及业务建设成果

中建西北院在国家和地方绿色建筑相关规范及标准的编制方面，也取得了大量成果。如参编国家标准《公共建筑节能设计标准》GB50189、《严寒和寒冷地区居住建筑节能设计标准》JGJ26、《民用建筑节水标准》GB50555、《建筑照明设计标准》GB50034 等。主编地方标准《公共建筑绿色设计标准》DBJ 61/T80、《西安市公共建筑能耗监测系统技术规范》DBJ61/T97、《建筑外墙混凝土保温幕墙工程技术规程》DBJ 61/T56 等。真正实现了以绿色建筑设计推动绿色科研，以绿色科研成果优化绿色建筑设计的良性循环。

3）绿色建筑设计咨询成果

中建西北院自 2013 年开展绿色建筑设计咨询业务以来，已完成绿色建筑设计咨询相关业务 400 余项。内容涵盖绿色建筑设计、既有建筑节能改造设计、可再生能源设计、大型公共建筑能耗监测系统设计、绿色声学专项设计等方向的工程咨询服务，并将获得的绿色建筑咨询经验融入全过程工程咨询服务之中。

4）项目案例

西安幸福林带项目，始于 1953 年由中苏专家共同规划设计西安市第一轮总体规划，此林带位于规划设计之中，定义为幸福林带。项目长约 6km，跨越西安市新城、雁塔 2 个行政区，是全球最大的地下空间综合体。本项目由中国建筑总公司 PPP 总包，中建西北院承担主要设计和全过程咨询任务。项目已通过绿色建筑设计标识评审，项目整体为二星级绿色建筑、E2 段为三星级绿色建筑。

中建西北院作为住房和城乡建设部首批全过程工程咨询试点企业，为了充分发挥规划师、建筑师及各类工程师的设计推动作用，实现对项目全生命周期的关注和对建筑业全产业链资源的整合。2017 年率先在西安幸福林带建设工程开始了全过程工程咨询业务（包括绿色建筑设计咨询）的探索，研究在现有法律法规框架下实施全过程工程咨询的路径，探索全过程工程咨询业务的价值产生机制、组织管理方式以及关键技术路线。

在幸福林带项目的定位和落地过程中，用"两全一站式"商业模式，"四位一体"的城市发展新理念，"四性融合"的设计思想，"协同共进"的咨询服务形式，科学系统地回答了"建设一个什么样的幸福林带和如何建设幸福林带"等问题（图 3-8）。

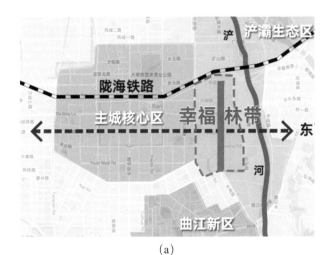

(a)

(b)

图 3-8　幸福林带项目

幸福林带是住房和城乡建设部全过程工程咨询试点项目，采取的是以设计为主导、策划先行的咨询服务模式。幸福林带项目的全过程工程咨询试点，对全过程工程咨询服务的组织管理方式、价值产生机制以及推动建筑业改革转型和城市发展理念升级具有典型示范效应，具有广泛的社会效益和经济效益。

3.3 施工推动

3.3.1 中国建筑第三工程局集团有限公司

1. 企业绿色理念与目标

中国建筑第三工程局集团有限公司（以下简称"中建三局"）秉持"建筑与绿色共生，发展和生态谐调"的环境管理方针，以工程项目绿色施工为载体，以绿色施工课题研发为先导，以绿色施工示范工程为引领，依靠科技进步和管理创新，全面推进绿色施工，促进了施工过程节能减排，推动了科技进步与工程质量的提升，增加了企业的经济效益，不断探索、实践绿色施工。

2. 企业主要推动措施

（1）建设管理体系——打造核心竞争力

在中建三局总部、各公司、各项目部设有绿色施工暨节能减排工作领导小组，归口管理绿色施工、节能减排工作。领导小组组长为局董事长，领导小组下设工作小组和综合管理办公室，局总经理任工作小组组长，综合管理办公室设在工程管理部。根据业务分工，依照目标管理的要求将绿色施工和节能减排工作职责分解到各管理部门，制定发展规划和年度计划，定期考核，确保绿色施工落到实处。

（2）建设研究体系——绿色建造研发的平台

在中建三局形成以工程研究院为核心、各公司技术中心为支撑的绿色施工研究体系，采取专兼职相结合的方式，机关总部、分公司或子公司、项目部三级机构技术、管理骨干参与绿色建造课题研究。

三局工程研究院在原有技术中心基础上于 2016 年 11 月成立，设有院士工作站、博士后工作站和 6 个研究所，聚集一批绿色建造专家，其中绿色施工与装备研究所、绿色建筑与深化设计研究所、装配式建筑设计研究所，针对绿色建筑全生命周期不同阶段的重大问题开展绿色建造课题的研究，此外其他研究所也结合本专业特色配合绿色建造的研究，逐步形成全生命周期、全方位绿色建造研发的平台。

同时，中建三局于 2016 年 11 月成立了绿色产业投资有限公司，从装配式建筑、水务环保及绿色产业创新投资三个板块开展绿色产业发展业务（图 3-9），从建造方法绿色化、管理方式绿色化、建造工艺绿色化、建造材料绿色化、管理措施绿色化 5 个方面不断推进绿色建筑、绿色建造及绿色产业的发展。

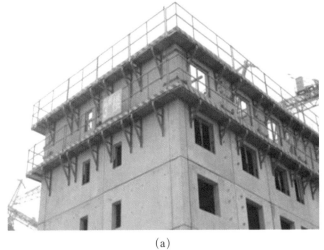

(a)

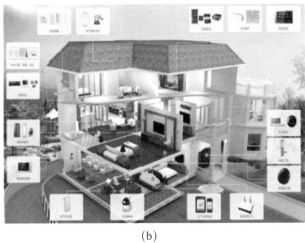

(b)

(c)

图 3-9 中建三局绿色产业发展业务

（a）装配式建筑；（b）被动房；（c）水务环保项目

（3）对于重大课题制定实施方案和年度工作计划。对于工程项目绿色施工的策划依照绿色施工组织设计要求实施。

（4）自从 2000 年起步，与同济大学、东南大学、武汉大学、华中科技大学及同行企业广泛合作，针对我国无绿色施工过程评价方法和绿色施工成套技术的现状，探索、研究一套由绿色施工专项技术、绿色施工系列工艺技术、绿色施工评价体系、绿色施工管理体系等组成的绿色施工综合技术，用以指导建筑工程施工现场实现绿色施工。

3. 企业推动成效

自 2010 年起，针对中建三局施工现场绿色施工技术措施的运用水平及未来推广趋势，征集并编撰《中建三局绿色施工技术措施》，收录绿色施工技术 34 项，作为住房和城乡建设部十项新技术和中建三局十项新技术在绿色施工专业的补充。2014 年度，总结、提炼绿色施工技术措施 46 项，加上原先的 34 项，形成绿色施工技术措施 80 项，收录于《绿色施工手册》，用于指导中建三局下属各全资子公司、区域分公司、专业公司的项目绿色施工。截至目前，全国已立项绿色施工示范项目 78 项，绿色施工科技示范项目 6 项。

4. 企业推动关键点

施工组织设计是以项目为对象编制的，用以指导施工的技术、经济和管理的综合性文件。绿色施工组织设计则是在原有的施工组织设计，进一步要求施工组织设计的编制要充分考虑"四节一保"（即：节能、节地、节水、节材、减少污染、保护环境、改善居住舒适性和健康性、适用和高效的使用空间）的要求，其编制应该要合乎科学性、规范性、规律性。因此，作为绿色施工组织设计，其编制内容要求应更加高于传统施工组织设计的要求，而这种高要求，应该是体现在具体的编制内容中的，也就是其"绿色"应该是隐含在施工组织设计中各施工部署、施工方案内容之中的，在对各项工程的施工方案进行策划时，不仅考虑施工方案的可行性、合理性，还要考虑是否节能和环保。因此，鉴定此施工组织设计是否绿色，需要鉴定其中的施工部署和策划的方法是否经济、安全和环保。

绿色施工组织设计前期策划是推进编制工作的关键环节，工程施工项目部应全力认真做好绿色施工组织设计编制的前期策划。绿色施工组织设计前期策划应重点做好下列工作：

（1）组织项目部管理人员学习相关文件、标准及图纸。如国家、行业、地方规范标准、企业有关施工管理文件、合同文件、施工图纸等，明确施工各项目标和要求。图 3-10 所示为绿色施工组织设计编制流程。

（2）组织对施工现场、周围环境进行调查，收集相关资料。如收集现场勘查资料，明确建筑物的位置、场地条件等；收集施工地区的自然条件资料，了解地形、地质和水文情况；了解施工地区内的既有房屋、通信电力设施、给水排水管道、地下建筑及其他建筑物情况；调查施工区域的周边环境，有无大型社区、交通条件、施工水源、电源、有无施工作业空间等；调查社会资源供应情况和施工条件，包括劳动力供应和来源、主要材料生产和供应、主要资源价格、质量和运输等。

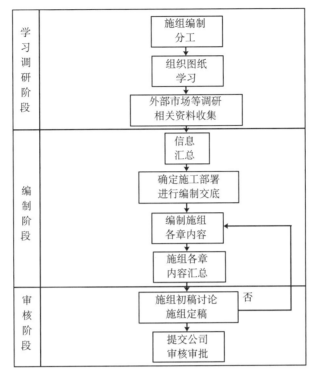

图 3-10　绿色施工组织设计编制流程

（3）计算工程数量（防止漏算、重算），确保劳动力、机械台班、各种材料、构件等投入的合理性，确保绿色施工组织在施工部署安排方面的量化要求。

（4）落实大型机械设备、主要材料的采购供应商及采购形式等，以及劳务队伍的落实。

（5）针对绿色施工组织设计的重点内容，确定施工方案（多种施工方案应经过比选），选择施工机具，安排施工顺序（由整体到局部），进行施工平面布置，即设备停放场、料场、仓库、拌合场、预制场、生活区、办公室等的布置，并分析主要绿色施工影响因素。

3.4　运维推动

3.4.1　上海东方延华节能技术服务股份有限公司

1. 企业绿色理念与目标

上海东方延华节能技术服务股份有限公司隶属于上海延华智能科技（集团）股份有限公司（股票代码 002178），公司围绕"安全、智能、绿色、健康"的发展战略，以咨询业务为引领，以能源大数据挖掘分析为支撑，开展节能减排和 BIM 技术咨询顾问服务、能源监测系统和全能源计量工程、合同能源管理与节能改造工程，以及绿色化设施运维管理服务，发展基于能效提升的建筑全生命周期综合节能服务，为智慧城市的绿色和可持续发展保驾护航。

2. 企业主要推动措施

公司的主要业务包括：绿色建筑咨询、BIM 咨询、建筑能源审计、既有建筑节能改造工程、基于合同能源管理的既有建筑节能改造、建筑能耗监测平台建设、物业设施设备管理平台建设、楼宇绿色化设施运维管理服务等。

3. 企业推动成效

截至目前，公司已完成绿色建筑咨询项目、BIM 咨询项目、政府咨询顾问项目 100 余个；已完成建筑能源审计项目 500 余个，覆盖建筑面积达 500 余万平方米；已开发完成大型公共建筑能耗监测平台，覆盖全国 1150 余栋建筑，监测覆盖建筑面积超过 5600 万 m^2，累计监测点位超过 65000 个；已完成合同能源管理节能改造工程 20 余个；已承接 1000 余栋公共建筑的绿色运维服务。

4. 企业推动关键点

公司对绿色建筑行业推动的关键点在于持续不断的业务创新。从创业初期开始建立建筑能耗监测管理平台，跟踪积累能耗数据库，到后来开展以设备更新为主的技术改造，对信息平台数据进行挖掘分析，再到当前依托物联网、云计算、人工智能以及 5G 技术，将硬改造与软提升相结合，针对关键设备开展精细化运行管理，并引入高水平的技术服务和运营理念，最终实现楼宇的综合能效提升。公司始终以业务创新为核心驱动力，开展围绕建筑全生命周期的综合节能服务。

3.5　其他推动

3.5.1　绿色改造推动——英宝工程技术顾问（上海）有限公司

1. 企业绿色理念与目标

英宝工程技术顾问（上海）有限公司——国内最早专业从事 BIM 设计咨询公司之一，先后参与了国内外多项绿色建筑创建与改造。BIM 为绿色建筑的可持续发展提供分析与管理，在推动绿色建筑发展与创新中潜力巨大。绿色建筑主张在提供健康、适用和高效的使用空间的前提条件下节约能源、降低排放，在较低的环境负荷下提供较高的环境质量；绿色建筑在技术与形式上须体现环境保护的相关特点，即合理利用信息化、自动化、新能源、新材料等先进技术。

2. 企业主要推动措施

BIM 技术与物联网技术相结合，把感应器和装备嵌入到各种环境监控对象（物体）中，通过信息化技术将环保领域各种信息进行分析与整合，以更加精细和动态的方式实现环境管理和决策。

节地与室外环境。合理利用 BIM 技术，对建筑周围环境及建筑物空间进行模拟分析（图 3-11），得出最合理的场地规划、交通物流组织、建筑物及大型设备布局等方案；通过日照、通风、噪声等分析与仿真工具，可有效优化与控制光、噪声、水等污染源。

图 3-11　节地与室外环境模拟分析界面

节能与能源利用。将专业建筑性能分析软件导入 BIM 模型，进行能耗、热工等分析（图 3-12），根据分析结果调整设计参数，达到节能效果；通过 BIM 模型优化设计建筑的形体、朝向、楼距、墙窗比等，提高能源利用率，减小能耗。

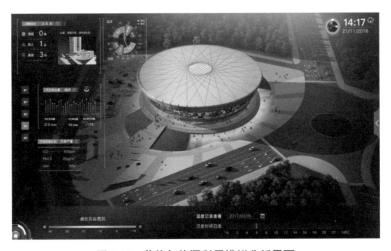

图 3-12　节能与能源利用模拟分析界面

节水与水资源利用。利用虚拟施工，在室外埋地下管道时，避免碰撞或冲突导致的管网漏损；在动态数据库中，清晰了解建筑日用水量，及时找出用水损失原因；利用 BIM 模型统计雨水采集数据（图 3-13），确定不同地貌和材质对径流系数的影响，充分利用非传统水源。

图 3-13　节水与水资源利用模拟分析界面

运营管理。BIM 模型整合了建筑的所有信息，并在信息传递上具有一致性，满足运营管理阶段对信息的需求；通过 BIM 模型可迅速定位建筑出问题的部位，实现快速维修；利用 BIM 对建筑相关设备设施的使用情况及性能进行实时跟踪和监测，做到全方位、无盲区管理；基于 BIM 进行能耗分析（图 3-14），记录并控制能耗。

图 3-14　运营管理模拟分析界面

3.5.2　拆除再利用推动——江苏绿和环境科技有限公司

1. 企业绿色理念与目标

江苏绿和环境科技有限公司，工厂占地面积 150 亩，一期总投资 1.2 亿元，是江苏经发集团和江苏营特集团按照混合所有制的模式投资建设和运营（图 3-15），现已具备年处理建筑垃圾 100 万 t 的生产能力，每年可实现销售收入上亿元，可节约填埋和堆放用地 200 亩，是改善市容、缓解交通压力、保护生态环境、促进循环经济发展的重要产业。

(a)

(b)

图 3-15 江苏绿和环境科技有限公司

　　绿和公司与中外多家科研机构和企业同行建立了技术合作关系，成立了常州市"建筑垃圾绿色再生工程技术中心"，在再生工艺技术、产品标准和应用标准方面创新突破，自主研发的再生专利技术获得了江苏省优秀科技成果奖，经过多年的发展，已成长为江苏乃至全国的行业标杆企业（图 3-16）。

　　2. 企业主要推动措施及成效

　　绿和公司将建筑垃圾资源化利用项目与武进绿建区城市改造项目相结合，探索一体化闭合运营模式，打造建筑垃圾无害化处置和资源化利用成熟产业链，利用绿建区集聚示范的平台优势，加速推进新技术、新工艺、新设备、新材料的研发和推广，围绕"绿色建筑""海绵城市""生态水利"等开发新型绿色建材，其产品远销巴基斯坦等国内外市场。

　　另外，为了解决装修混合垃圾无害化处理这一全国性难题，绿和公司引进国外先进工艺和装备，吸收了来自芬兰、荷兰、英国等多个国家的前沿技术，集成研发了适用于

图 3-16　绿和公司所获荣誉及表彰

中国国情的混合垃圾智能分类技术。目前国内首个采用该技术的武进区年处理 30 万 t 装修垃圾项目已建成运营，该项目总投资 8000 万元，是武进区"263"专项行动计划项目。项目率先采用 AI 人工智能分拣系统，并集成目前全球领先的垃圾自动分拣技术，整条生产线（图 3-17）自动化程度达 80%，工艺技术达世界领先水平，工业化处理方式填补国内行业空白。建成后可处理装修垃圾 80t/h 以上，无害化处置率达到 100%，再生利用率达到 90% 以上。建成后将彻底解决武进区包括常州市部分区域装修垃圾的去向问题。

(a)

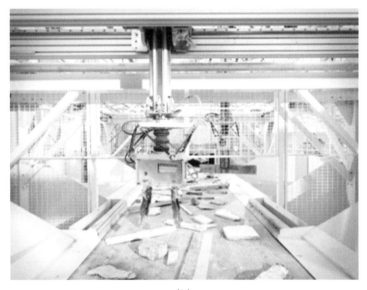

(b)

(c)

图 3-17 装修垃圾无害化处理生产线

3.5.3　绿色建筑建材互联网推动——绿智汇

绿色建筑从整个建筑产业发展历史来看，还属于新兴产业阶段，但将其处于某一社会发展阶段中，仍应放置于建筑产业的大背景来看。建筑产业是我国国民经济的重要组成部分。它包含房地产业、勘察设计业、建筑业、基础设施建设和延伸出来的建材生产、装备制造、建筑行业供应链金融以及贸易物流等相关行业，具有明显的产业链长、辐射行业多、贡献价值高的特点。从宏观经济层面上看：根据《中国统计年鉴（2016）》的数据显示，截至 2014 年年底，中国国内生产总值为 643974.0 亿元，其中，建筑产业增加值为 44880.5 亿元，占比达 6.97%。综上所述，建筑产业在整个国民经济运行中拥有举足轻重的地位。

2014 年以来，中国经济进入了新常态。经济新常态下发展速度必然要放缓，各行各业都面临着结构调整和转型升级，而建筑产业的发展与国家宏观经济走势变化息息相关，必须要进行主动地适应以及积极地调整。新经济环境下，建筑产业发展面临着以下新的特点：（1）建筑产业发展增速放缓。建筑产业依赖国家固定资产投资拉动的高速增长的粗放式的发展模式已经成为历史，企业追求规模效益的时代已经结束，产业的供求矛盾将更加突出。（2）行业无序竞争的局面正在扭转，市场回归理性，企业将面临诚信与严管的新考验。（3）企业在转型中必须寻求新的经济增长点，商业模式与服务内涵将逐步发生变化。（4）建筑产业人力成本持续增高，高素质的人才和劳务将成为市场上的稀缺资源。建筑产业需要新的现代化业态和创新模式，来解决现阶段面临的一系列问题。

产业互联网的发展迅猛，将互联网思维融合到工业化建筑中，有助于行业规范发展。2015 年 6 月，国务院常务会议，部署推进"互联网 +"行动，促进形成经济发展新动能。会议认为，推动互联网与各行业深度融合，对促进大众创业、万众创新，加快形成经济发展新动能意义重大。根据《政府工作报告》要求，会议通过《"互联网 +"行动指导意见》，明确了推进"互联网 +"，促进创业创新、协同制造、现代农业、智慧能源、普惠金融、公共服务、高效物流、电子商务、便捷交通、绿色生态、人工智能等若干能形成新产业模式的重点领域发展目标任务，并确定了相关支持措施。用"互联网 +"助推经济保持中高速增长、迈向中高端水平。构建资源聚集为主的绿色建筑供应链平台，就是建筑产业化与互联网的一次有效结合，实现互联网在建筑产业的有效物联。

1. 绿色建筑建材生产"互联网 +"

绿色建筑建材既包含了传统建材中节材化的高性能材料，更涵盖了出于"安全耐久，健康舒适，资源节约，环境宜居，生活便利"等目标的创新材料，对于建材的生产环节的质量、环保、安全、标准化等性能要求均列于行业较高水平，因此，造成了绿色建筑建材较普通建筑建材由于生产管控要求高带来的资源性缺乏的问题更加突出。

互联网的特点是高度的信息透明化和快速的信息互通化，利用互联网技术，突破空间和技术壁垒，实现建材生产的互联共享，是新时代绿色建筑建材生产互联网 + 的优势与特色。

案例 1：工业化建筑构件新型生产模式

本案例为上海城建物资有限公司的 Zhaopc 平台中的生产信息化系统，包括：预制构件标准化设计、订单拆分及管理、线下生产培训和基于 GIS 位置信息的专业物流配送体系四个部分。

1）预制构件标准化设计

对住宅标准户型、工业化建筑以及公共建筑的标准化构件进行了合理拆分，形成了工业化建筑标准化构件库（图 3-18）。

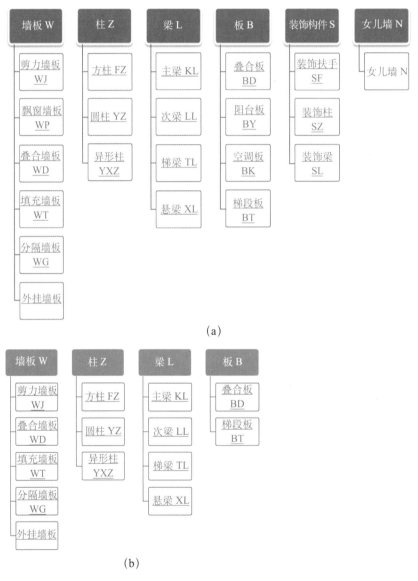

图 3-18　标准化预制构件库

（a）标准化预制构件库（住宅）；（b）标准化预制构件库（公共建筑）

通过标准化构件库的构件，实现装配式建筑的标准化和通用化，利于生产环节的标准化，有效降低预制构件的生产成本。以楼梯为例（图 3-19），通过标准化设计后可以看到，生产成本下降，利于整个产业的发展。

设计的标准化

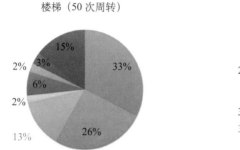

■材料费 ■人工费 ■模具费 ■蒸养费 ■运费 ■管理费■利润 ■税金　■材料费 ■人工费 ■模具费 ■蒸养费 ■运费 ■管理费■利润 ■税金

总费用下降 16%

图 3-19　楼梯设计标准化生产成本比对

2）订单拆分及管理

以技术核心企业为拆分源头和管理依据，通过平台用"以点带面"的方式，实现建筑产业的生产模式创新。第一，平台具有优秀的产业链整合能力，能够实现资源的有效配置。第二，通过平台接收的订单，结合上海城建物资有限公司自身对预制构件生产管理的经验，综合考虑入驻平台企业的生产能力和技术特点，首先将订单重新进行拆分，然后重新组合提交给入驻平台企业。通过订单的拆分整合，实现入驻平台企业从大而全的生产模式向专而精的生产模式的转化。这种转化，一方面可以促进入驻平台企业的生产平稳化，利于它们的生产经营活动；另一方面，这种模式可以促使平台企业对单一预制构件产品的生产存在规模经济，与此同时，可以实现企业在生产过程中实现"干中学（learn by doing）"，利于产品质量的提高和改进。第三，供应链电商平台将结合 GIS 系统，对预制构件运输过程进行全程定位跟踪，并按照装配式建筑搭建建筑物的先后顺序在规定时间向规定地点进行输送，并及时更新各企业的存货情况，真正做到预制构件生产活动的信息化管理。

3）线下生产培训

与此同时，平台组织开办装配式建筑构件生产专项岗位技术研修班。该研修班结合上海市预制构件行业管理，组织开展相关工种岗位技能技法的专项构件生产岗位培训课程。至 2019 年 11 月 30 日共举办 47 期，参加培训企业 113 家，培训质检员岗位学员 3000 人次。

4）基于 GIS 位置信息的专业物流配送体系

建筑产业标准化智造，要求实现建筑工业化与信息化的完美结合，而物流配送是其中关键一环，通过运用 GIS 位置信息的专业物流配送体系，实现该环节的信息化管理。

在物流配送中，在提高客户满意度的同时，还需要降低运输成本。基于 GIS 位置信息的专业物流配送体系就是建立在这两个目标之上。待运输预制构件订单系统负责每天对需要运出的预制构件订单进行处理，然后汇总为当日需要运出的订单总量。道路网分析系统负责对已经数字化的地图进行处理，对地图上的道路和客户点进行处理。调度处理系统会对将要配送的客户点进行排序，使车辆尽可能减少需要配送的时间。调度系统生成的路径表写入数据库。最后由 GIS 系统从数据库中调用，生成可视化地图路径。

目前 Zhaopc 平台已经入驻 100 余家预制构件生产企业，基本实现了平台订单的合理分配，产业链资源的有效整合，促进了入驻平台企业的生产平稳化，解决了部分入驻企业流动性不足的难题，实现了预制构件产业生产的信息化管理。在预制构件实现标准化的基础上，通过搭建电商平台，将订单进行科学有效地拆分，重新组合后提供给入驻平台企业，一方面促进了平台企业的生产平稳化，提高了生产率水平，降低了生产成本，同时，通过组织线下的生产研修班，促进了预制构件生产水平的提高；另一方面，通过这种生产模式的创新，提高了市场信息透明度，同时也进一步加强了平台企业的控制力和话语权。

2.绿色建筑建材采购"互联网+"

在我国建筑行业存在三个阶段的供应链发展模式：（1）项目部供应链模式。该模式下建筑企业的供应链能力是项目部一个个采购员的能力平均值，采购员的能力是其曾经参与项目的采购能力的集合。（2）企业集采供应链模式。该模式下建筑企业供应链能力是企业级的，投入多大的力量建设企业的供应链，该供应链就会给企业带来多大的价值。（3）互联网采购阶段，是企业与行业平台合作共建行业供应链生态。该模式下通过众多优秀企业的采购行为，形成行业供应链平台，高效服务成员企业，这是一种在互联网时代下集智、共享、共生的模式，我们认为这种模式是我国建筑行业供应链发展的趋势性的模式。

目前我国的绿色建筑领域，大部分企业处于第一种模式，少量大型优秀企业处于第二种模式，同时，在某些垂直专业建材领域出现了第三种模式。

互联网采购是建筑行业供应链发展的趋势，行业级的服务平台富集社会优质资源、联结优秀建企、提供专业服务支撑，通过数据接口的形式与建筑集团的信息化系统进行对接，为集团信息化系统导入实时优质的服务资源，供基层项目部和集团职能部门进行选择，反过来，通过优秀建筑企业的业务行为不断地对行业平台进行驯化和反馈，使行业平台的服务能力和资源匹配能力更加符合建筑企业及项目部的需求，从而形成相互依存、共生共荣的生态系统，即行业平台提供资源和服务，通过建筑企业的使用产生数据，企业管理平台通过接口形式从行业平台获取数据，供企业进行风控和决策；行业平台上的社会资源方通过建筑企业的行为不断调整服务方式，提高服务能力，使整个建筑行业以行业平台为核心，不断进行优化和适配，从而提高整个行业的运营水平，促进中国建筑行业由大到强的转变。[1]

案例 2：大型建筑企业综合采购平台

云筑网是中国建筑集团有限公司旗下的成员企业中建电子商务责任有限公司打造的综合型电商平台。该平台于 2015 年 12 月正式上线运行。

上线以来，云筑网在集团创新发展战略导向下，以"平台化发展，产业链供应"为主旨，发展成为云筑集采、云筑优选、云筑劳务、云筑金服、云筑智联五大业务板块。

云筑集采——电子化招采平台。云筑集采是中建电商的核心模块。材料采购是中建集团各施工项目生产经营活动的重要环节，中建集团仅 2017 年新签合同额就超 20000 亿，由此可见电子化招采实现的集中采购会大大降低集团的采购成本。

云筑集采通过区域或省级联合集中采购、各局集中采购、各局分子公司集中采购、单体项目采购四种模式组合成为中建股份的集采模式。各级集采对应相应的供应商，但统一资审入口均在云筑网。

云筑优选——零星物资（MRO）采购平台。云筑优选是中建电商的零星物资采购平台，云筑商城为采购项目提供价格透明、品牌规格详细的零星物资。目前，商品已覆盖 13 个零星物资大类，900 个小类，3 万 SKU。依托人员权限和组织机构管理系统，云筑商城每笔订单的采购与审批管理流程完整可追溯，真正实现了零星物资阳光采购。云筑商城配备了物流服务环节，采用合作配送中心＋本地仓储物流＋现场无人货柜模式，实现灵活的库存管理与预见性的备货计划，有效解决建筑行业最后一公里的配送问题。

云筑金服——供应链金融服务平台。在供应链金融全面崛起的当下，云筑金服依托自主研发的优势，以用户需求为导向，基于建筑行业供应链在线交易，通过云筑集采、云筑金服、银行融资平台三大平台对接，汇总采购信息，并依托中建核心企业信用，通过电子化渠道提供在线供应链融资服务，已经与十余家金融机构达成战略合作伙伴关系，累计为 340 家建筑行业中小微供应商提供低价高效的在线融资业务，引导资金流精准支持优质小微企业发展。云筑金服平台年融资量从 2015 年的 1.2 亿跃升至 2018 年（截至 10 月底）的 52 亿，其中 2016 年、2017 年增长率均为 400% 以上，实现跨越式增长，截至 10 月底融资交易额突破 100 亿元。

云筑智联——智慧建造云平台。其是面向项目现场管理、施工企业管理的智能物联网平台。云筑劳务——建筑工人实名制管理平台。其是以实名制为核心的劳务管理大数据平台。这两个版块以企业服务为主。

1　黄新宇. 融合 MRO 建设一站式采购平台的探索 [J]. 施工企业管理，2019(11): 38-40.

案例3：第三方钢铁供应链服务平台

欧冶云商是中国宝武于2015年2月发起设立的第三方钢铁供应链服务平台，欧冶云商成立多年来，在"互联网＋钢铁"领域开拓创新，取得了不俗的业绩，逐步成长为行业领先企业。

欧冶云商供应链服务平台（图3-20）打造的是一个开放的在线交易市场，通过互联网效应的发挥降低用户交易成本，同时平台整合供应链资源，优化要素配置，以互联网为工具，提供便捷的交易增值服务。

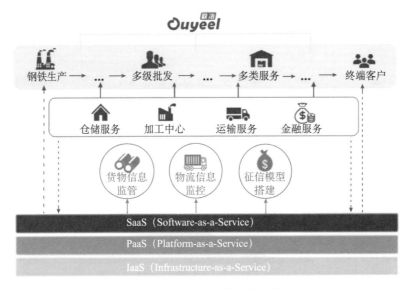

图3-20 欧冶云商模式示意图

欧冶云商通过线上平台主要为客户提供以下服务：（1）丰富交易服务产品。既可以通过汇集大量的中小用户资源，以及采用竞价销售等模式，并配套智能定价、大数据营销分析和指数服务等，为钢厂提供现货和订单销售服务；又可以为中小用户降低交易成本。（2）整合物流相关服务。整合仓储、运输、加工等物流资源，合理布局并夯实线下基础设施，为用户提供高效智慧供应链服务，构建交易O2O闭环。（3）拓展供应链金融服务。对接银行等金融机构，提供绿融、厂商银、保理等供应链金融服务以及第三方支付服务，有效解决中小用户融资难、融资贵问题，为供应链上、中、下游的客户提供系列金融服务。

欧冶云商通过建立云端认证机制、第三方支付增信机制、数据征信机制、对接外部信用平台等多维度的信用体系，提供平台品牌的公信力，使得以上服务能够在一个公平、透明、合理的环境中提供。

欧冶云商做到了变仓单交易为订单交易，在该模式下，钢厂可以将富余的产能提前在平台上预售，平台帮助对接下游中小用户个性化需求，在发现市场合理价格的同时，实现钢厂产销平衡。现货空间是有限的，订单交易推动的预售产能则是无限的，通过订单交易的生态圈拓展,将助推钢厂传统生产组织模式的变革,并及时捕捉用户需求,实现以销定产。

3.绿色建筑建材使用全生命周期在线监测

绿色建筑中鼓励使用可循环材料、可再利用材料和利废建材的使用,将其作为资源节约的重要途径之一。但由于相关处置产业规模性小,产品质量波动,标准不够完善等特点,利废建材的使用仍在社会层面存在推广难度。针对由于信息不对称造成的信任和沟通的障碍,互联网恰恰是对症下药的良好措施。利用互联网技术和物联网技术的结合使用,将建材使用后的全生命周期的关键性能在线检测数据公示,从一定程度上可大大提高对绿色建筑中利废建材的信任,有利于绿色建筑建材的推广。

案例 4：再生混凝土小高层泵送项目在线监测

上海市杨浦区五角场镇 340 街坊商业办公用房项目于 2013 年立项,2017 年竣工,获得上海市绿色建筑评价二星级设计标识。2 号楼 A 座的结构材料在 3 层以上为再生混凝土(图 3-21),再生骨料取代率根据混凝土强度等级有所不同:C50 再生骨料取代率为10%,C40、C30 再生骨料取代率为 30%。

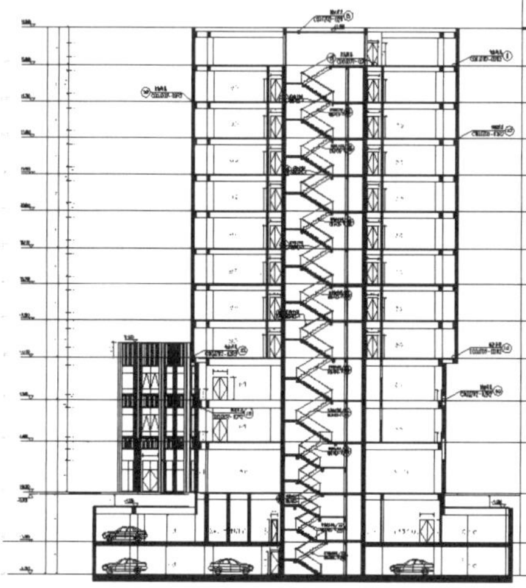

层 号	标高(m)	层高(m)	墙、柱		梁、板	
			混凝土等级	再生骨料取代率	混凝土等级	再生骨料取代率
屋面层	49.200					
12	45.600	3.650	RC40	30%		
11	41.650	3.950	RC40	30%		
10	37.750	3.900	RC40	30%		
9	33.850	3.900	RC40	30%		
8	29.950	3.900	RC40	30%	RC30	30%
7	26.050	3.900	RC40	30%		
6	22.150	3.900	RC50	10%		
5	18.250	3.900	RC50	10%		
4	14.350	3.900	RC50	10%		
3	9.850	4.500	RC50	10%		
2	5.350	4.500	C50			
1	-0.050	5.400	C50		C35	
地下一层	-5.500	5.450	C50		C30	
地下二层	-9.000	3.500	C50		C35	

注:RC 表示再生混凝土。

图 3-21　再生混凝土方案示意图

通过开发商、科研单位、设计单位和材料供应单位的综合考量,确定的监控方案为选择两栋结构相似的建筑(一栋采用再生混凝土,一栋采用普通混凝土),同时埋入传感器测试数据。

测试的参数主要包括:动力特性参数、加速度、位移、应变和倾角等。

自 2016 年埋入传感器,监测数据已累积多年,在监测过程中经历台风季等恶劣气候,目前的监测结果可得出结论:通过合理设计,再生混凝土可用于实际混凝土主体工

绿色建筑发展研究报告

程中，各监测指标，如结构顶点位移、梁挠度等均满足规范对正常使用条件下普通钢筋混凝土结构的要求。

3.5.4 区域化推动——常州市武进绿色建筑产业集聚示范区

1.区域绿色理念与目标

"绿水青山就是金山银山"，党的十八大以来，以习近平同志为核心的党中央始终把生态文明建设放在治国理政的突出位置。常州市武进凭借深厚的绿建产业基础和生态环境优势，设立住房和城乡建设部授予的全国唯一的绿色建筑产业集聚示范区，率先在建筑领域探索绿色发展的新路径。自2012年成立以来，武进绿建区以"种好部省合作试验田、争当生态文明领头羊"为目标，坚持产业集聚和示范推广"双轮驱动"，打造可借鉴、可复制、可推广的建筑领域绿色发展模式，获得了一系列国家级、省级荣誉，初步确立了全国绿色建筑产业领域"第一""唯一"的地位。

2.区域主要推动措施

（1）产业发展：规模化、绿色化、数字化"三化"叠加。一是成立之初，依托武进制造业基础雄厚、配套齐全的优势，绿建区主要挖掘制造业领域的重点项目，引进了绿和、贝赛尔、诺森、研砼、格瑞力德等行业龙头企业，初步形成了绿色建材、节能环保设备的产业集群。二是凭借领先的体制机制，武进建立了"一核引领、全区联动"的绿建产业发展格局。绿建核心区集聚了超200家绿建产业主导企业，形成了"孵化器、加速器、生产基地、总部基地"绿色建筑企业成长链，并以此为基础，发挥对全区的引领带动作用。武进全区按照"一核六基地"的总体布局，实现与核心区的耦合互动，协同发展。三是依托良好的产业基础和领先优势，2020年3月28日，江苏省政府发布了《江苏省政府关于推进绿色产业发展的意见》，明确将常州绿建区打造成为长三角建筑科技创新中心。为此，绿建区积极探索建筑领域内的科技创新亮点，以数字化赋能建筑全生命周期，招引培育一批以数字设计、智能建造、智慧运维等技术为代表的建筑科技企业。

（2）示范推广：从点上示范到全域推广再到科技赋能。一是武进区委、区政府赋予绿建区绿色建筑、建筑产业现代化和海绵城市建设行政管理职能、全区绿色建筑企业的行业管理职能，并提出将3km²核心区打造成为高质量科技型园区的要求。在一系列政策扶持和机制创新驱动下，武进区各类示范项目快速落地。二是立足于上一阶段的绿色建筑和绿色城市发展基础，开展提档升级工作。围绕一核引领、集聚示范做文章，从3km²的绿建区核心区创建，到2km²的2018年度高品质生态城区示范项目核心区创建，再到1.5km²的2020年度绿色城区核心区创建，武进不断精细化深耕领域，加强集聚效应，推动绿色建筑高质量发展，积极打造绿色建筑"高原上的高峰"。三是探索5G、物联网、人工智能等新技术在工程建设领域的应用，并结合示范项目技术体系推动绿色建造与新技术的融合发展，大力发展新型建材、新能源技术，从而赋能城市建设和管理。

3. 区域推动成效

（1）塑造了两全协同的绿建产业发展优势。一是指建筑全生命周期，武进区集聚了从建筑设计、建造、运维、拆除到资源化利用，涵盖建筑全生命周期的产业资源。二是指绿色建筑全产业链，武进区形成了覆盖上游的规划、设计、勘察、认证、检测、研发，中游的建材制造、设备制造、建筑建造，下游的建筑运行管理、建筑能源服务以及围绕绿色建筑的物流、交易、教育培训等基本完整的绿建产业链条。可以说，武进已成为全国绿色建筑产业高地。

（2）打响了"绿色建筑看武进"的特色品牌。一是全区形成绿色社区、绿色学校、绿色办公、绿色工厂、绿色基础设施全方位推广的格局，打造了武进影艺馆、维绿大厦、武进莲花馆、江苏省绿色建筑博览园等一大批示范类型丰富、技术体系先进、示范效应显著的绿色建筑标杆项目。二是绿建区形成的绿色建筑推进模式全省首创、全国领先，并成功将经验复制推广到全武进区，进一步推动了整个武进区全域的绿色建筑规模化发展。武进率先探索行政、产业、技术"三合一"工作机制，叠加行政管理、行业管理和技术服务三类要素，形成政府、企业、市场三方合力。在江苏省率先实行"绿色建筑、装配式建筑、海绵城市"三合一联合审查模式，技术融合互补，监管全面覆盖，推动绿色星级建筑从"设计标识"到"运营标识"提升。同时，还率先出台意见和办法，在土地出让、规划设计、施工、竣工验收等环节加强监管，推动了绿色建筑、建筑产业现代化、海绵城市的推广落到实处。真正实现了从点到面、从区到城的绿色建筑全域推广。三是初步形成项目和园区尺度的智慧应用，如对维绿大厦进行绿色智慧化改造，打造绿色智慧建筑运维平台；江苏省绿色建筑博览园打造数字孪生园区平台；打造基于数字孪生技术的线上武进区等。下一步将通过技术迭代升级，实现更大区域的可感知，切实提高市民的获得感。

4. 区域推动关键点

产业集聚和示范推广"双轮驱动"。一是初步融合。围绕住房和城乡建设部"做好产业集聚和示范引领两篇文章"的要求，绿建区按照开发区模式，进行试点项目建设和重大项目招引，引进了中国建材集团、美国诺森、法国圣戈班等国内外知名建筑领域企业，建成投用了绿建太空板业、绿和环保、上海研砼、新加坡季氏集团、常州克拉赛克门窗有限公司、江苏圣乐建设工程有限公司等一批高端部品部件基地，实现了产业与示范的初步融合（举例：2016 年 12 月 1 日起，武进在江苏省率先推广应用"预制三板"，明确要求单体建筑面积 2 万 m^2 以上的新建医院建筑、宾馆建筑、办公建筑、商住楼，以及 5000m^2 以上的新建学校、5000m^2 以上的新建商品住宅、保障性住房必须全部采用"预制三板"，这为推广装配式建筑提供了市场。为此，绿建太空板业、上海研砼等一批企业"闻风而来"，为绿建区初步形成绿色建筑产业集聚规模奠定了坚实的基础）。二是全面融合。绿色建筑、装配式建筑快速发展，进一步促进了建筑业转型升级。在已形成良好的绿建制造业的基础上，武进的绿色建筑产业逐渐往高端化延伸，向产值高、效益高、科技含量高迈进。在此过程中，绿色建筑的示范推广也需要一批产业链的上下游企业来支撑，从而更好地推广绿色建筑建材，这就促使绿建核心区基本形成了覆盖上中下游的完整产业链。三是相辅相成。绿建的推广、产业的发展，本质是让老百姓住上健康、低碳、智能的房子，让老百姓有更多获得感。为此，绿建区聚焦建筑领域智慧化、科技化的新技术，把新技术、新产品与百姓需求结合起来，真正打造受百姓欢迎的、满足人民对美好生活向往的绿色建筑。

3.6 思考与总结

从绿色建筑到绿色建材，再到大力发展绿色建造方式，目前我国已全面实现新建建筑节能，特别是绿色建筑发展迅速、成效显著。伴随绿色化、工业化、智能化未来建筑浪潮的出现，整个建筑业正经历着技术创新推动下的根本性变革。BIM、装配式建筑等技术不断发展，这些创新不仅提升了建造效率，改变了建造方式和组织模式，引发了建筑设备产品和运行的变革，还直接改变了建筑材料的制造方式和建筑运行的模式与效率，从而带动全产业链减碳进程。

在绿色建筑的推进中，开发商正在发挥关键性的作用。当前，开发商中有不少企业正大力推动绿色建筑设计与研发，积极推广绿色施工，在全业务流程中践行绿色发展理念，积极建立以关注"人"本身为主的绿色技术体系，不断为客户营造安全、健康、舒适的建筑和居住环境，以绿色人居引领绿色生活，逐渐形成房地产企业业务发展的一抹亮色。开发商大力推动绿色建筑发展的意义主要体现在三个方面：一是践行ESG理念，履行企业责任；二是获得绿色金融支持，扩大融资渠道；三是保持产品与时俱进，增强持续竞争力。作为头部市场主体的绿色地产行业的发展，在与资本深度融合的同时，将更进一步推动绿色建筑市场的日趋结构化、产业化。

未来绿色建筑的发展会给设计单位带来更多的挑战。第一，绿色建筑要求设计更精细化。绿色建筑提出了"整合设计"的要求，这对目前各设计院的生产模式和组织方式也提出了更大的挑战。第二，绿色建筑要求标准规范水平提升，实施监管更严格。第三，绿色建筑要求设计要有前瞻性。绿色建筑要求建筑采用的技术和产品要适当超越当前水平，而且为未来提升预留空间和条件，这不仅需要高超的设计水平，更需要高超的研究和创新能力。

为解决现代社会中生产生活对建筑需求日益增长与环境资源供给却渐趋收紧的矛盾，最大限度地节约资源、保护环境和减少污染，为人们提供健康适用和高效使用空间，与自然和谐共生的绿色建筑，将成为未来建筑市场发展的主要方向。因此，绿色建筑的市场化趋势，必将加快和深化产业结构调整的步伐，结合国家示范工程项目发展绿色建筑，结合各类政府投资工程项目建设发展绿色建筑，结合绿色生态城区建设发展绿色建筑，结合技术创新发展绿色建筑，结合城乡绿色生态规划发展绿色建筑，实现绿色建筑发展模式的创新。无论是"建筑＋互联网""建筑＋投资、运营（PPP）"，都是顺应国家战略驱动的创新应用，科技创新是发展大势，绿色建筑需要积极探索"互联网＋"形式下的管理、生产新模式，深入研究大数据、人工智能、BIM、物联网等技术的创新应用，创新商业模式，增强核心竞争力，实现跨越式发展。

　　总体来说，绿色建筑市场的健康发展需要全行业的共同努力、国家政策的有利扶持、社会各方面的支持与配合，全行业要牢固树立新发展理念，以供给侧结构性改革为主线、以质量和效益为中心，着力去产能、补短板、稳增长、提品质。其中，政府要持续发挥在推进绿色市场发展中的主导作用，制定合理的科技及财政支持政策，以加强相关绿色建筑企业的自主创新能力；绿色建筑开发商在追求企业效益最大化的同时，要充分考虑企业所要承担的社会责任，积极响应政府号召，抢占绿色建筑市场份额，同时要引导消费者选择绿色建筑，实现绿色建筑企业的可持续发展；消费者要积极响应国家号召，选择更加健康环保的居住方式，以实际行动促进绿色建筑市场的健康发展。

第4章 绿色建筑典型案例研究

本章选取近年来不同类型、不同地域的11个典型绿色建筑项目案例（表4-1），对项目基本情况和实施亮点进行了介绍。

项目案例列表 表4-1

序号	项目类型		项目名称	提供单位	供稿人/参编人员
1	住宅建筑		首开·国风尚樾	北京首都开发股份有限公司首开志信分公司	周革、温芳、王斌、龚联、刘晓钟
2	办公建筑		雄安设计中心	中国建筑设计咨询有限公司	李天阳、徐风、吴越超、黎想、黄剑钊
3	办公建筑		新兴盛项目	北京兆泰集团股份、北京旭曜建筑科技有限公司	朱皓宇、权悦、邵晓非、葛晓宁、李科
4	其他公共建筑	商业建筑	成都大慈寺文化商业综合体	北京清华同衡规划设计研究院有限公司	侯晓娜、陈娜、郑晓蛟、任雨婷
5		饭店建筑	晋合三亚海棠湾度假酒店	华东建筑集团股份有限公司	陈珏、郝胜男、吕楠、夏佰林
6		医疗建筑	云南省临沧市人民医院青华医院	上海东方延华节能技术服务股份有限公司	苟少清、王喜春、于兵
7		医疗建筑	北医三院崇礼院区二期工程	北京大学第三医院	赵奇侠、曹剑钊
8		教育建筑	苏州漕湖学校	苏州相城经济技术开发区管理委员会	庄稼、许小磊、刘思、唐笋翀
9		文体、博览、交通等	首钢工业遗址公园3号高炉改造项目	中国建筑设计咨询有限公司	刘敏、李天阳、黎想、吕南、吴越超
10		室内装饰装修项目	嘉信天空（香港）	香港嘉信环保集团有限公司、香港理工大学可持续建设实验室	曾志丰、冯勇、杨潔兒
11		室内装饰装修项目	南京华贸国际中心公寓项目	中国建筑装饰集团有限公司、中建东方装饰有限公司、中国建筑科学研究院有限公司认证中心	韩超、郭景、郑伦、姜财吉、佟晓超

4.1　住宅建筑

4.1.1　首开·国风尚樾

1. 项目基本情况

首开·国风尚樾项目位于北京市朝阳区望京片区南湖北一街，周边交通便利，配套齐全。项目距离地铁阜通站及望京站 800m，距离望京凯德茂步行距离 900m；享有北京师范大学三帆中学、对外经济贸易大学附属中学等教育资源。总用地面积 20323.87m²，总建筑面积 74916.72m²，其中地上建筑面积 48508.44m²，地下建筑面积 26408.28m²，地上 14～18 层，地下 3 层，项目总户数为 213 户。项目外景图如图 4-1 所示。

(a)

(b)

(c)

图 4-1　首开·国风尚樾项目外景图

该项目秉承绿色建筑的理念，采用了多项绿色、节能、可持续的技术方案，令绿色、健康融入生活点滴，解决了节水、节能、全热交换、家居能耗监测、空气质量管理等问题，为今后类似项目的建设总结了经验、形成了示范，具有参考和借鉴意义。

2. 项目亮点介绍

1）绿色智能的家居系统

（1）灯光控制系统

首开·国风尚樾采用智能灯光控制系统（图 4-2），回家打开大门，玄关筒灯自动打开。玄关 10 寸屏，可一键开关室内多房间多路灯光，进入房间通过门口 3.5 寸屏一键打开室内多路灯光，坐在沙发、躺在床上时可以通过手机 APP 开关房间内的灯光，晚上睡觉只需用手机或床头开关一键关闭所有灯光。晚上起夜时，过道红外感应夜灯自动打开，人走后延时自动关闭节约能耗。离家时如果忘了关闭，也可通过手机查看室内灯光状态，远程关闭灯光，避免能耗的浪费。

图 4-2 首开·国风尚樾灯光控制系统场景应用

（2）窗帘控制系统

首开·国风尚樾采用智能窗帘控制系统，客厅、主卧的窗帘全部为电动窗帘，可通过 10 寸屏、3.5 寸屏、手机 APP 对窗帘进行一键开关控制。

（3）外卷帘控制系统

首开·国风尚樾外卷帘为智能控制（图 4-3），可通过 10 寸屏、3.5 寸屏开闭室内外卷帘，也可通过手机 APP 远程查看外卷帘状态，远程开闭外卷帘，通过控制太阳辐射射入量，在一定程度控制室内温度。

（4）温度控制系统

首开·国风尚樾温度控制系统（图 4-4）配备了空调系统、地暖系统，空调、地暖都为分区控制，只需设定房间温度，智能控制系统自动选择开启空调或地暖，并始终保持这个温度，令室内达到一个恒温环境。也可以通过手机 APP 远程控制室内空调、地暖的开闭、调温。

(a)　　　　　　　　　　　　　(b)

图 4-3　首开·国风尚樾灯光外卷帘控制系统场景应用

图 4-4　温度控制系统场景应用

（5）空气质量管理系统

首开·国风尚樾新风系统设有专业空气过滤和加湿除湿系统（图 4-5），客厅、主卧装有专业空气质量探测器，可以实时监测空气内 PM2.5、CO_2、湿度，并显示在 10 寸屏、3.5 寸屏、手机 APP 上，让业主实时知晓室内空气质量。可以通过手机 APP 设置室内空气质量标准，加湿器根据设定的室内湿度加湿或关闭，当室内空气质量低于设定标准时，新风系统自动开启，达到设定标准后关闭，通过智能控制，使室内达到一个恒湿、恒氧的干净清洁空气环境，避免因污浊的室外空气而导致人体呼吸道的各种疾病。

（6）太阳能热水控制系统

首开·国风尚樾热水系统（图 4-6）采用太阳能＋电辅加热，热水系统接入智能集中控制，可通过 10 寸屏、手机 APP 调节热水温度、关闭垫付加热。长期不在家，可通过手机 APP 远程关闭热水系统电辅加热，节省电能，回家前，可远程调节需要的热水温度。

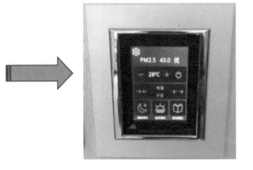

图4-5　首开·国风尚樾空气质量管理系统场景应用

图4-6　首开·国风尚樾太阳能热水控制系统场景应用

（7）能源监控系统

首开·国风尚樾能源监控系统（图4-7），对室内灯光、空调、新风、厨电进行能耗实时监控，系统将统计结果自动按周、月、年生成报表，让业主时刻了解家内能耗情况，为节能提供数据支持。

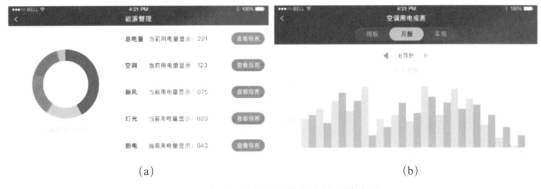

(a)　　　　　　　　　　　　　　　　　(b)

图4-7　首开·国风尚樾能源监控系统应用

2）智慧节水

首开·国风尚樾项目具有优美的室外景观，人均公共绿地面积达到 1.45m²/人，采用乔灌草结合的复层绿化，种类多样层次丰富，且在公共绿地内设置儿童老人休憩、娱乐、健身、喷泉水景等设施，相关设施集中设置并向周边居民开放。绿化灌溉采用节水灌溉方式——微雾喷灌节水技术。微喷灌包括滴灌、小管涌泉灌、地表下微管渗灌、雾灌等，其中微雾喷灌最为节水，相比喷灌节水 30%，比地面漫灌节水 60% 以上。灌溉水源以市政中水及雨水为主，做到了用水可持续。

（1）社区节水设施"滴水不漏"，收集雨水用于花草浇灌、补充景观水体；（2）自建中水处理站，采用高端技术净化水源，并用于住宅冲厕、绿地灌溉、景观补水；（3）高端前卫的"智慧软水系统"根据家庭实际用水情况，自动进行过滤与再生，霍尼韦尔软水机快速高效软化水，耗水量低，水质好；（4）卫浴花洒龙头自带恒温功能，随时都能放心用水，减少水资源无效流失；（5）坐便采用五大节水技术，高水箱设计，冲力大；TDF 三维冲水，边边角角都能冲干净；GSF 黄金分流，70% 喷射口，冲劲十足；排污管内添加釉成分，易冲刷；48mm 加大管道，排污快。

3）取得多项绿色建筑认证标识

首开·国风尚樾项目注重绿色、节能、可持续的理念，于 2016 年 6 月取得绿建三星设计标识（后续还取得绿建三星运营标识）；又于 2016 年 8 月取得美国 LEED 金级认证——预评价（后续还取得 LEED 金级认证——终评价）。

在绿色、健康的全装修方面，首开·国风尚樾是全国第一个按《住宅全装修评价标准》T/CRECC02—2018 预评价与终评价均取得五星级认证标志的全装修项目（《住宅全装修评价标准》T/CRECC02—2018 于 2019 年 1 月 1 日正式实施，围绕功能、性能、材料与部品、施工与验收、提高与创新五大维度，对全装修成品住宅进行综合评价）。首开·国风尚樾的成功获评为致力于提高住宅建设品质、改善人居环境的全装修项目树立了标杆、形成了示范（图 4-8）。

4）荣获第 16 届精瑞科学技术奖

精瑞科学技术奖由中华人民共和国科技部和国家科学技术奖励工作办公室批准设立，是全国范围内针对项目建设管理水平、精装设计品质和精装施工质量进行综合评定的奖项。

首开·国风尚樾项目通过审查、初审、复评、现场考评、公示、复核等环节层层筛选，荣获第 16 届精瑞科学技术奖之"住宅全装修"优秀奖。

5）智慧社区

项目周边服务公共设施便利，500m 范围内有幼儿园、小学校、商业服务网点、卫生医疗服务站、社区服务中心、文体娱乐活动场地等，公共设施集中设置，一站式服务住户，便利生活。

(a)　　　　　　　　　　　　　(b)

(c)　　　　　　　　　　　　　(d)

图4-8　首开·国风尚樾项目绿色认证证书

通过智慧社区系统（图4-9）将家庭基本功能、物业基本功能、500m生活圈智慧社区商业功能、2km生活圈智慧社区公共服务功能进行串联。深度挖掘项目周边配套设施的服务能力，根据各类商业运营的实际情况，形成合作共赢模式，利用线上服务平台，提高业主生活的快捷性、便利性，满足业主需求的多样性。

6）舒适的室内温湿度环境

项目户内冬季采用地板辐射供暖，夏季采用多联式空调系统，并设置可过滤PM2.5的新风系统，空调、供暖、新风系统均采用智能家居自动控制，保证室内良好的温湿度环境。

7）良好的室内声环境

项目住宅楼板采用隔震垫地板辐射供暖楼板，外墙、外窗、户门均采用具有良好隔声性能的建筑材料。与普通住宅相比，隔声性能更加优越，有效隔绝外界噪声对住户的影响，创造良好的室内声环境，保证住户私密性和舒适性。

8）地下车库品质精装（BIM 技术的运用）

地下车库运用 BIM 技术搭建建筑、结构、暖通、给水排水、电气三维模型，各专业协同设计进行管网综合（图 4-10），提高了设计效率和品质。车库交付标准为精装，采用环氧自流平地面，车道上方吊顶与项目高端品质的定位相得益彰，从车库开始为业主创造回家的感觉。

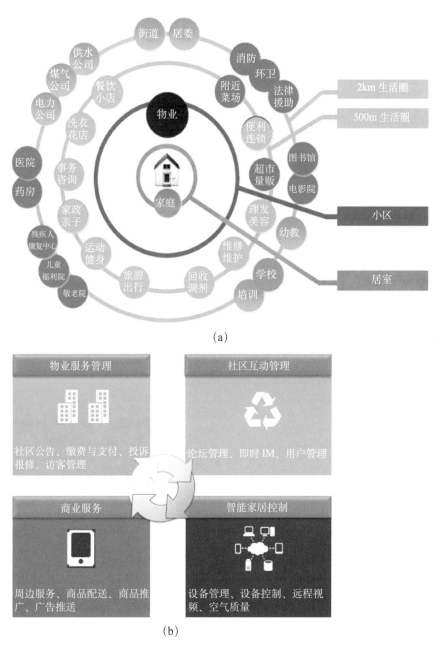

（a）

（b）

图 4-9 首开·国风尚樾项目智慧社区应用

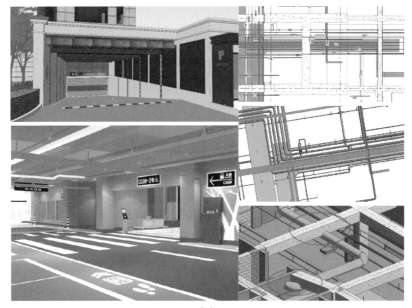

(a)

(b)

图 4-10　首开·国风尚樾项目地下车库 BIM 技术运用

第 4 章 绿色建筑典型案例研究

4.2 办公建筑

4.2.1 雄安设计中心

2017 年 4 月 1 日,中共中央、国务院决定在河北省保定市雄县、容城县、安新县等 3 个县域设立国家级新区——雄安新区,集中疏解北京非首都功能,探索人口经济密集地区优化开发新模式,并调整优化京津冀城市布局和空间结构,培育创新驱动发展新引擎。一时之间,传统的河北二线县城迎来举世瞩目的发展契机,城市建设亟待开展。雄安设计中心的设计过程可以为探讨当下大规模的旧城改造与旧建筑更新利用提供合理策略,并展望未来中国生态绿色城市建筑发展的方向。

1. 项目基本情况

雄安设计中心是中国建设科技集团为响应国家大力推动雄安公共服务设施建设,携手上海同济集团,在雄安新区共同创建的首个综合型办公社区。该社区面向全球各类型设计机构,为其先期进驻雄安的中小型团队提供办公空间租赁服务,并配备现代化的会议中心、员工食堂及其他公共活动设施,满足设计人员全方位的生活办公需求。该项目利用现有澳森制衣厂内生产办公楼改造而成,并在建筑外部加设了会议中心、员工食堂以及零碳展示馆等内容。项目总规模 12317m²,2018 年 5 月开工建设,于 2018 年 10 月竣工完成。

1) 区位条件

项目改造建设地点位于雄安新区容城县城西南澳森南大街 1 号澳森制衣厂内(图 4-11),用地南侧为奥威路,东侧为澳森南大街,西侧为厂区原有生产厂房,北侧为厂区内部酒店,项目占地面积 10074m²。园区现有主入口位于场地南侧,市政管线均从南侧奥威路端接入(图 4-12)。

图 4-11 雄安设计中心实景合成效果图

图 4-12　雄安设计中心项目区位关系图

2）建筑现状

项目改造主体包含现有制衣厂办公楼与东配楼库房两部分。前者现状功能为制衣车间，建筑面积 9140m²，共 5 层，后者建筑面积 1086m²，共 1 层。原办公楼外立面由于设计之初按照厂房标准设计，因此未设外墙保温措施，冬季内部通过集中供热供暖。内部平面布置相对清晰，东西两侧为竖向交通楼梯间及卫生间，中间生产区域为大空间开敞布置。结构体系为钢筋混凝土框架结构，基本柱跨网格为 6m×9m。东配楼围护结构为黏土砖砌块，屋顶为轻型彩钢板屋面，由于年久失修，大量区域存在漏水情况。

3）改造内容

本次针对制衣厂办公楼及东配楼库房的改造内容主要分为四部分，其一为主楼内的办公空间改造，需将原有生产制衣车间改造为开敞办公空间，方便后期业主租赁的灵活分割；其二为主楼底部一层的局部加建，目标是为内部办公企业提供一系列共享使用空间，如小型会议室、展厅、前厅等；其三是园区院落内的景观改造与空间加建，包含一个容纳150人的中型会议室以及零碳展示馆，后者将集中展示当代绿色零碳建筑设计理念与技术；其四为针对原有东配楼库房的改造加建，建成后将为设计中心提供配套的员工餐厅、商业网点以及共享书吧、咖啡厅等服务。改造前后对比参见图 4-13。

4）实施主导——"建筑师负责制"下的 EPC 工程总承包建设

继上海浦东、福建厦门、广西之后，雄安新区被批准为我国第四个"建筑师负责制"试点城市。雄安设计中心的改造设计，是中国建设科技集团践行"建筑师负责制"的全过程咨询发展导向，贯行以设计牵头的 EPC 总包模式的先行实践工程。在项目的设计与建造过程中，建筑师不再只是单纯完成项目从方案到深化阶段的设计工作，而是参与到实施过程涉及的造价控制、与施工相匹配的建造细则、现场监督建造、盈利模式，甚至合约风险等整个流程中（图 4-14）。以"低成本、快建造、高活力、可再生"的方式打造设计企业在未来雄安的中心平台，为项目的设计品质和建设质量提供全程保障。

(a)

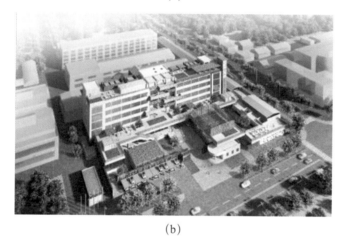

(b)

图 4-13　雄安设计中心改造前后对比图

图 4-14　雄安设计中心 EPC 总承包建设过程全纪录

2.设计理念：以绿色生态为驱动的改造策略

1）绿色策略

项目整体的改造策略遵循中国工程院崔愷院士提出的"微介入"改造方式，即不做整体的大拆大改，而是基于现有条件从基本的功能需求出发，局部优化，逐点激活，以更为谨慎合理的态度触碰旧有建筑，让老建筑焕发新的活力。因此针对原有主楼的主体结构，改造方案采取了100%的保留，外围护保留比例也高达85%，仅通过中心幕墙部分的出挑阳台设计，实现建筑形象的旧貌新颜转换（图4-15）。内部空间类型方面，设计也延续了旧有建筑大开间的平面格局，并对原有建筑楼电梯管井进行了全面修缮再利用。

在城市界面的梳理上，设计提出对原有园区边界进行局部退让，将公共停车、城市广场等公共属性职能还给城市，以此来回应雄安新区所倡导的"开放街区与共享经济"理念。收缩后的用地边界围合出一个更加内聚的绿色院落空间，为园区办公人群所使用。

建筑现状|Bulding Situation　　　　改造方案|Renovation Scheme

图 4-15　雄安设计中心微介入式改造策略

2）绿色空间

（1）空间类型的灵活多变

考虑到后期使用的不确定性以及建设周期的严峻挑战，设计采用全装配式钢结构作为新建建筑主体结构类型（图4-16），6m×6m的空间单元确保了后期功能转换的高度适应性，可快速实现办公、餐饮、会议、娱乐等使用功能的转换调整。

开敞办公区同样延续了原有主楼的大开间布置，仅在南侧加设了必要的疏散连通走廊（图4-17），以此来满足后期业主的灵活分割需求与高效使用要求。经改造后的办公区标准层得房率高达65%，基本实现了改造前后使用的零损耗。大开间内部可通过组合式隔断快速调整分隔位置，标准化的构件产品也提供了员工自发调整的可能性。

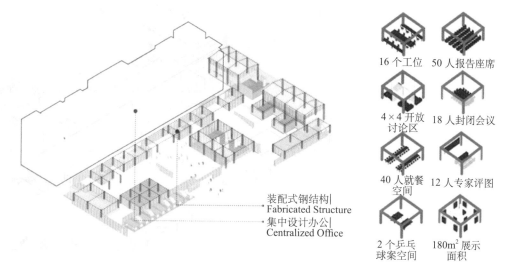

16 个工位　50 人报告座席

4×4 开放讨论区　18 人封闭会议

40 人就餐空间　12 人专家评图

2 个乒乓球案空间　180m² 展示面积

装配式钢结构|Fabricated Structure
集中设计办公|Centralized Office

图 4-16　雄安设计中心装配式钢结构与模块单元

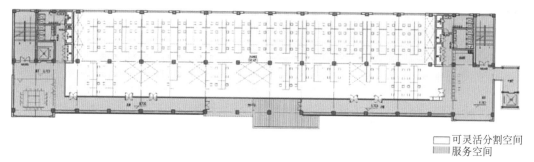

可灵活分割空间
服务空间

图 4-17　雄安设计中心改造后主楼标准层平面图

（2）空间使用的能耗优化

改造过程中，设计采取了一系列的被动式设计策略来降低整栋建筑的能耗负荷；传统的办公建筑内部走廊、疏散楼梯间使用频率较低，因此在本项目中被设计定义为非供暖房间，以此来减少空调耗能面积。经实际测算，该措施使办公标准层能耗大幅降低 42% 左右。此外针对办公区内部的空间光线、通风等物理特征，方案也进行了一系列的优化设计，最终办公区自然通风量不小于 2.0kg/s，自然采光系数达标比不小于 95%，周边环境噪声可达到《声环境质量标准》GB 3096—2008 中 4a 类要求（图 4-18）。

（3）空间体验的生态友好

雄安新区倡导"生态优先、绿色发展"建设，杜绝千篇一律的"钢筋混凝土森林"。因此方案在室外景观及首层屋顶平台设置了一系列的生态交往空间（图 4-19），结合绿植乔木与景观棚架，提供给办公人群出门即享的绿色生态体验，也延展了创意型产业对办公空间的定义——从办公室办公到景观环境中办公。首层的屋顶连廊把串联各个院落，引导生态使用路径。在会议中心以及主楼的屋顶上还分别设置了篮球运动场及无土农业温室，倡导健康低碳的生活方式。

改造前室内采光系数分布
Before the transformation indoor illumination

改造后室内采光系数分布
After the transformation indoor illumination

	供暖耗热指标 N_c (kWh/m²·a)	供冷耗冷指标 N_h (kWh/m²·a)	总计能耗指标 E_u (kgce/m²·a)	总计能耗 E (kwh)
改造前	60	12	34.5kgce/m²·a	309
改造后	51	10.8	30kgce/m²·a	180
降低率	15%	10%	13%	42%

$$E = N_c \cdot A \cdot K_p + N_h \cdot A \cdot K_i$$

主要节能措施:
设置外走廊,减少用能区域面积;
外走廊作为缓冲区域,起到一定保温作用;
加强自然通风,减少用能时间。

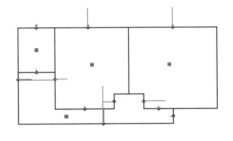

自然通风计算模型及结果

自然通风计算结果

	通风量(kg/s)	房间体积	换气次数(次/h)
办公区(西)	1.2348	1143.83	3.2
办公区(中)	1.0964	1143.83	2.9

图 4-18 雄安设计中心绿色性能化分析与设计

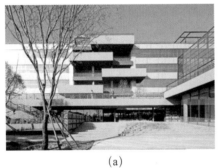

(a)   (b)   (c)

图 4-19 雄安设计中心生态交往空间设计

3)绿色能源

(1)水

园区的整体景观铺装贯彻海绵城市下渗理论,通过全场地范围透水绿地铺装对雨水进行收集、处理与再利用。场地景观水池底部分别设有两处蓄水收集模块,在收集雨水的同时，还可兼做观赏型静水池。收集后的雨水经由净化系统过滤后，分别引至景观滴管系统与屋顶温室灌溉系统。另外，建筑内部给水排水设备也全面强制执行用水效率 2 级以上的节水器具，从硬件设施上直接减少水资源浪费。

（2）电

建筑室内照明采用分组、多线程控制的照明模式。根据具体的时间、地点及功能使用需求，灵活地调整室内光环境，适应可能出现的多种主题照明场景。在首层屋面以及屋顶屋面上还设有 $450m^2$ 的景观光伏棚架，日间可对太阳能进行收集，转化成电能交由蓄电池模块进行储存，夜间供应景观照明及室外 USB 充电口使用。

建筑室外停车场实现全充电桩配置，鼓励中心内办公人群对共享电车的使用，倡导低碳出行生活方式。

（3）光

经过改造后的建筑外立面自然采光系数达到不小于 95%，将室内人工照明耗电量降至最低；与此同时在公共卫生间、零碳展示馆等顶层空间，设计还采用了少量的 Miro Silver 导光管、温感自调天窗等天光引入措施，扩大室内自然采光效果的同时，促进室内热压效应。

（4）热

建筑内部空调采暖系统全部采用分区控制，可独立计量调节，并在室内设置了 24h 温湿度读取仪，对环境舒适度实现全方位监控（图 4-20）。

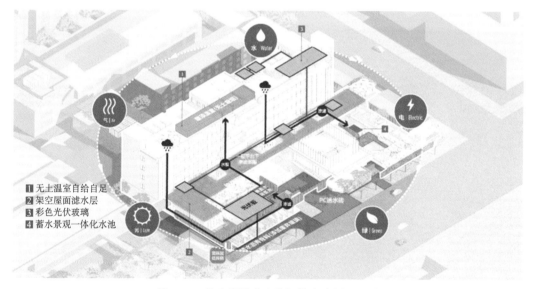

图 4-20　雄安设计中心能源的自我循环系统

4）绿色循环

在对原有建筑局部拆除的改造施工过程中，施工现场囤积了大量不同类型的建筑废弃材料，如混凝土与黏土砖碎块、使用过的木模板、破损的玻璃等。这些传统意义上的建筑垃圾被赋予了重新利用的生命价值。其中混凝土、黏土砖碎块以及木模板，经由现场简单切割后被填入石笼内，充当景观围护墙体。破损的玻璃碎块一部分被混入展厅地面的混凝土石子骨料，形成了独居特色的材料质感。另一部分均被作为铺地材料覆盖了主题庭院，让院落体验多重"梦幻感"（图4-21）。此外，建筑整体通过对自然资源的收集、控制、利用，配合新型材料与更智能化的设备与系统，实现了光、电、水、绿、气等方面的能源循环自平衡。

图 4-21 雄安设计中心建筑废渣的循环利用

5）绿色材料

在雄安设计中心的主材选取方面，设计也尽可能地将排放、污染在厂家生产阶段降至低限（图4-22）。

| 金属绿植网 Metal Plants Net | 废砌块再生绿墙 Waste Block Rebuild Green Wall | 聚碳酸酯板 PC Board | 生态木塑板 Ecological Wood Panel | 透水 PC 砖 Permeable PC Brick |

| 一体化复合墙板 Integrated Wall Panel | 木栏杆扶手 Wood Handrail | 矿物质涂料 Mineral Coating | 废玻璃精磨砼 Waste Glass Concrete | 废石粉再生花岗玉 Waste Stone Granite |

图 4-22 雄安设计中心环保性建材的使用

生态木塑板作为室外装饰墙地面的主材，抗变形能力远优于传统实木，生产过程也大幅降低对木材的砍伐量，具有广泛的生态环保意义与持久的使用质量保证。

室内墙面及吊顶的涂刷采用了天然无机矿物质涂料。高粘合度与附着力可适用于室内多种不同的硬质基层；同时它也是市场上为数不多的零污染源无胶涂料选择。

零碳展示办公区设计过程中借鉴了国际领先的"主动房"理念，主体围护结构是由 ALC 墙板装配搭建而成。材料本身的高蓄热能力与快速装配式安装的特点，有效控制了建筑在生产建造过程中的碳排放。结合建筑本身的光伏系统与机电系统，最终可实现建筑全生命周期"正能耗"的零碳预期。

与此同时，建筑加建材料还选用了金属铝网面板、透水砖、聚碳酸酯板等一系列高性能环保外围护材料，后者以 1.1 的超低 K 值远超传统玻璃幕墙的保温隔热性能。

6）绿色建构

新建部分的主体结构全部采用装配式钢结构体系（图 4-23），提高建设效率的同时，有效控制了施工现场的湿作业量，减少了建设污染。高强度混凝土与高强度钢材的有机结合，最大限度地延长建筑的使用寿命，避免非必要性的拆除修缮工作。

图 4-23　雄安设计中心钢结构建造过程

外幕墙采用高性能拼装式整体系统。其中改造主体采用了"生态木塑板＋框架式幕墙"复合系统；零碳展示办公区采用了"木索幕墙"系统；东配楼采用了"金属复合夹芯板"系统。所有幕墙系统均确保 80% 工厂预制量，综合 K 值不大于 1.2，确保了外围护系统的高效性与施工质量。

室内办公区考虑到后期的灵活分割，采用了组合式隔断体系，该系统可实现 100% 零损耗异地更换，也提供了员工自主调整使用空间的可能性。

7）绿色智慧

智慧应用方面，雄安设计中心实现了全过程的 BIM 技术应用，真正将 BIM 技术与建筑性能模拟；标准化装配式构件设计；施工工艺、工序模拟；工程算量；VR 模拟体验等相结合，有效地提高了施工效率与工程质量。此外，建筑还设置有智能共享办公区，并搭建了能耗计量综合管理平台，充分利用智能检测与管控手段，初步实现了物联网云端管控。

4.2.2 新兴盛项目

1. 项目基本情况

新兴盛项目位于北京市核心区地带，临近二环内北京最重要的主干道——长安街，位置优越，地段繁华，地铁 TOD 项目交通便利，地上建筑面积约 5.8 万 m^2，地下建筑面积约 6.2 万 m^2，总体布局由 6 栋独立的办公楼构成，项目以绿色建筑三星作为建设标准，同时，在零碳/低碳导向下，在绿色建筑技术体系基础上，项目又集成了多项低碳示范技术体系，1 号楼将建设成为北京首个中型办公零碳建筑，同时将整体园区打造成为绿色低碳园区。

新兴盛项目由隶属于北京兆泰集团股份有限公司的北京建铭房地产开发有限公司负责开发，北京旭曜建筑科技有限公司作为咨询顾问单位全程参与本项目，整体项目预计于 2024 年全面竣工。项目鸟瞰图如图 4-24 所示。

图 4-24　新兴盛项目鸟瞰图

北京兆泰集团股份有限公司，1992 年创建于北京，深耕首都核心区，经过 30 年的稳步发展，成为旗下员工逾千名，业务板块涵盖房地产开发、不动产运营、地产基金等领域的集团化企业。在国家"双碳"目标的号召下，北京兆泰集团股份有限公司勇于发挥企业担当，积极在绿色建筑方向持续探索，为实现国家的"双碳"目标助力。2021 年 10 月，北京兆泰集团股份有限公司成功当选"被动式低能耗产业技术创新战略联盟"理事长单位。北京旭曜建筑科技有限公司是北京兆泰集团股份有限公司基于国家"双碳"总体目标、城市更新和绿色发展的政策导向，切实助力国家绿色转型而成立的建筑科技公司。北京旭曜建筑科技有限公司关注于解决目前建筑行业相对较低的科技应用水平、运营能耗高的痛点，着眼于未来巨大的建筑存量与城市更新市场。

2. 项目亮点介绍

1）一体化设计

地铁附属设施和用地开发整合设置，提高土地利用效率，提供高品质城市空间。合理开发利用地下空间，借由与地铁连通的地下空间构建友好的、多层次、多路径的步行体系，提升城市设施的便捷性和舒适度，为市民提供便捷舒适的城市生活，营造高品质城市公共空间（图 4-25）。

图 4-25　新兴盛项目与地铁连通一体化设计示意图

2）街巷肌理

传统的城市结构、紧密的城市脉络、融合的社区，经历了漫长的历史。通过分析现状城市肌理而推导出的街巷空间，既保留了城市记忆，也契合了周边环境的需求。保留胡同名称，保留路牌名称，延续传统胡同文化历史的胡同、街道空间可以重新成为新规划中的人行通道，保存几代人走过的路，也是人们最熟悉有亲切感的途径。在人行道路构架上形成的围合式布局与周边道路共同形成舒适便捷的街区空间，方便更多邻近换乘、上班或居住的人生活及工作。通过与地铁的连接而形成的多级人行系统为项目及周边人群提供了绿色出行的便捷条件。

3）体量控制

结合地块内现有古树自然形成的绿地，打造口袋公园，街角空间，为周边居民提供舒适的交往、休憩空间。利用建筑的体量、首层及顶层后退、空间界面和绿化布局等策略，在街角、街边、屋顶形成小型公共空间，尤其街角的空间对于街道界面的丰富、人群交往、车行视觉等城市功能提供了有力的支撑，既满足了周边日照的要求，也减少了大体量建筑对于街道的压迫，同时提供了丰富的室外交往空间，创造丰富的视觉感受（图4-26）。

图 4-26　新兴盛项目体量控制示意图

4）绿色低碳体系

采用玻璃幕墙维护体系，能够充分利用自然光和自然通风，保证室内良好的光照条件和热湿环境的同时控制传热系数和太阳得热系数；充分利用现有能源禀赋，设置屋面分布式太阳能光伏发电系统；设置能源管理系统各项能源进行独立分项统计；采用高性能空气源热泵多联机和变频排风热回收装置，能效指标均优于现行国家标准。

新兴盛项目从源头减碳、增质提效、建筑用能结构优化、行业协同、低碳建材和绿化碳汇六大方向打造示范项目，技术体系中还包含了电力需求侧响应、V2G等前沿示范技术，通过20项技术构建低碳技术体系，打造"1+N"零碳低碳示范高端办公建筑园区。

4.3　其他公共建筑

4.3.1　商业建筑——成都大慈寺文化商业综合体

1. 项目基本情况

本项目位于成都市大慈寺路以南，东西糠市街以北，纱帽街以东，玉成街、笔帖式街以西。建成后形成一个以大慈寺为中心，融合佛教文化、川西建筑文化、民俗文化和新商业文化的"寺市合一"新街区。开放式、低密度的复古街区,以"快耍慢活"为规划理念,其设计充分体现了商业与文化的共融。

成都大慈寺文化商业综合体项目建设用地面积为 5.71 万 m²,总建筑面积为 22.93 万 m²。商业区域地上为 27 栋 2、3 层仿古建筑,建筑面积共约 6.18 万 m²,建筑功能涵盖零售商业、主力店、餐饮等多种形式,单体之间均为商业步行街的模式,并在地面 2 层采用室外连廊的形式将所有单体连通(图 4-27)。

图 4-27　成都大慈寺文化商业综合体项目实景图

2. 项目亮点介绍

1)旧建筑利用

针对项目当中的六座历史古建筑,在遵循古建筑原本比例的基础上,采用国际最新的保护复原体系,融入更多文化创意以及对建筑保育的新理解,根据它们各自不同的建筑风格量身定制其未来的用途,最大限度保留和延续它们的历史和文化价值(图 4-28)。

广东会馆始建于民国初年,复修后,成为一所配备齐全的多功能活动场地,可举办时装表演、音乐艺术表演、文化艺术展示等;字库塔建于明朝,原址保留在漫广场,为成都远洋太古里注入历史韵味;笔贴式街 15 号为晚清低等级官式建筑院落,复修后,成为博舍酒店的入口大堂;章华里 7/8 号院相互紧邻,均始建于民国初年,复修后,成为一所高端的 SPA 场所;欣庐始建于清末,复修后,成为一家高级手表店;马家巷禅院临近大慈寺,约为清后期建成,复修后成为一家精致的餐饮场所。

图 4-28　成都大慈寺文化商业综合体六栋历史古建筑的古今对照

2）合理的规划设计

巷道规划考虑了城市的微气候，通过合理设置建筑朝向、巷道走向（图 4-29），促进自然通风和日照采光。人行高度 1.5m 处的平均风速小于 1m/s，建筑群内部无明显漩涡形成，不会造成污染物的聚集，另外针对单独建筑考虑，在夏季和过渡季，大部分区域能够形成通风路径，通风良好。

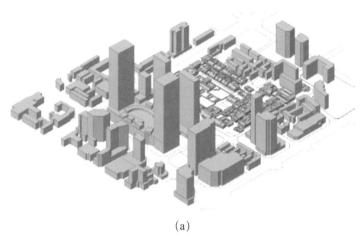

（a）

（b）

图 4-29　成都大慈寺文化商业综合体 CFD 模拟及冬季室外风速分布图

3）自然采光优化

为优化室内自然采光，商业部分玻璃幕墙采用中空钢化超白玻璃，玻璃的可见光透过率为 77%，85% 的区域自然采光系数大于 2%（图 4-30）。

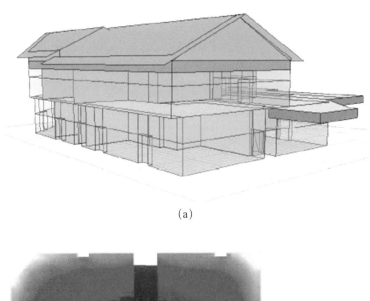

(a)

(b)

图 4-30　成都大慈寺文化商业综合体自然采光优化设计

4）节能设计

空调水系统采用一级泵变流量四管制闭式循环系统，在减少部分负荷水泵输送能耗的同时，也可满足商业内、外区及酒店不同的负荷特性的舒适度需求。设计加大了冷热水供回水温差（6℃和15℃），进一步减少了水泵的输送能耗。通过对建筑围护结构、空调系统、照明系统等的节能优化设计（图 4-31），使建筑的综合节能率达到 20.3%。

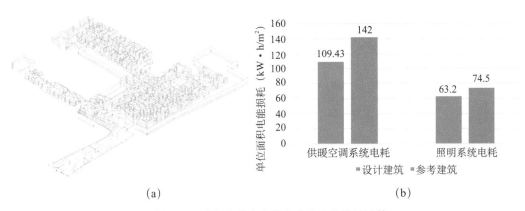

(a)　　　　　　　　　　　　　　　(b)

图 4-31　成都大慈寺文化商业综合体能耗计算

5）非传统水源利用

收集酒店废水作为中水水源，采用 MBR 处理工艺，中水回用系统设备处理规模为 20t/h。收集室外雨水作为水源，采用可渗透处理装置，雨水收集池的总容积约为 100m³，分 3、4 处收集，每个收集池的容积约 25m³。处理后的中水和雨水用于酒店及大商业区绿化浇洒、车库冲洗、冷却塔补水等用处，供水方式采用变频供水方式。经计算，全年非传统水源利用量为 48166m³/a，非传统水源利用率为 18.73%。

6）生态水体景观

在景观上，庭院中的池水、树丛、雕塑、座椅都有助于形成人性化的空间，并与表演、美食体验、艺术展示相映成趣。配合林荫、水体、座椅等特色景观设计和户外艺术、商业和文化设施，行走在保护区的各层空间中都是惬宜和舒适的（图 4-32）。在大慈寺的东西两侧，通过退让形成了依托寺庙红墙的步道，结合解玉溪的意境线性地规划了景观水系。为节约水资源，景观水体的补水均采用收集处理后的雨水。

(a)

(b)

图 4-32　成都大慈寺文化商业综合体生态水体景观

4.3.2 饭店建筑——晋合三亚海棠湾度假酒店

1. 项目基本情况

晋合三亚海棠湾度假酒店（艾迪逊酒店）为万豪国际集团旗下艾迪逊品牌的世界第四家、亚洲第一家高品质度假酒店，集住宿、餐饮、宴请、会议、休闲娱乐等功能为一体，共558间客房，配套空间、设施设备齐全，有海水泳池、儿童戏水池、人工海洋、海滨烧烤、儿童游乐场、画室、茶室、图书室、艺术品鉴赏室、酒吧、中餐厅、西餐厅、健身房、SPA、屋顶无边界泳池等。项目位于海棠湾滨海酒店带，南临三亚海棠湾仁恒度假村，北临威斯汀酒店，东临南海，西临海棠北路。酒店主楼地下2层，地上11层，高41.7m，建筑面积10.5万m²，地下部分均为功能区和酒店后勤办公用房，无地下车库。工程总造价为4.1亿元，共有客房558间，年平均入住率85%以上。

酒店整个项目设计以简洁的形体，自然的材料，精致的细节，构造出简单而不失优雅，自然而不乏质朴的空间形态。造型上力求最大限度的利用自然景观，主体建筑呈C字形环抱大海，拥抱着椰林、沙滩与海浪，确保每一个房间都拥有绝美海景。酒店呈半开敞式布局，与海滨环境相互融合，自然采光，自然通风。园林层次分明、大气美观，给人逃离世俗喧嚣的宁静感（图4-33）。

(a)

(b)

图4-33 晋合三亚海棠湾酒店外景图

2. 项目亮点介绍

1）场地环境的生态补偿——绿色雨水基础设施

本项目充分考虑了场地地形特征及地理环境因素，进行场地雨水排水的规划设计。整个场地设计结合了雨水花园、下凹式绿地、植被浅沟、雨水截留设施、雨水塘、景观水体等多种绿色雨水基础设施（图 4-34），显著提高了项目场地雨水调蓄的能力。整个场地的绿色雨水基础设施的面积比例达到 100%。本项目地下室面积较小，地下室集中在主体酒店下方。室外场地下为实土，无地下室顶板，有利于雨水下渗。场地的雨水排水设计理念为尽可能将雨水蓄在场地内，场地东边的雨水经过南北两边红线排水，到海边后通过设渗透井自然渗透排放，显著减轻了市政雨水管网的压力。

图 4-34　晋合三亚海棠湾酒店绿色雨水基础设施

屋面雨水断接措施：主体酒店屋顶花园雨水结合屋面及绿化设计布置盲沟来收集雨水。屋面雨水通过建筑周边导盲管渗透到土壤中，为雨水断接措施。

室外场地雨水径流控制措施：混凝土地面或路面雨水经雨水收集口，通过导盲管渗透到土壤，达到饱和后排至小区雨水管网；绿化地面雨水经土壤渗透达到饱和后，排至区域内雨水管网。

结合本项目的地面竖向标高，本工程雨水分两个排放方向，西边沿着南北两侧红线排水，最后排至滨海路市政雨水管网；东侧雨水汇集后沿着南北两侧红线排水，到海边后通过设渗透井自然渗透排放。一部分空调冷凝水直接排至景观水池作为景观水池补水，一部分空调冷凝水与屋面雨水一起排至室外雨水沟。

2）利用场地地形，打造被动式用能方式，减少土方用量

晋合三亚海棠湾度假酒店利用海边原有的标高变化，地下室迎海面基础的土方浅度开挖，利用开挖的土方回填背海面地下室侧壁（图4-35），从而减少土方外运或购入土方。

图 4-35　晋合三亚海棠湾酒店被动式用能设计（一）

酒店迎海面和背海面形成最大近 8m 的标高差，迎海面室外标高与地下 1 层地面平缓连接，背海面室外标高与酒店首层地面标高平缓连接。视野开阔，营造地下 1 层功能区域及活动区域良好的天然采光和自然通风环境，节约建筑能耗。

宴会厅、多功能厅被隐藏在地下 2 层，利用类似梯田般跌落的下沉式花园进行标高过渡，并设置下沉式广场。同时设置全高落地窗、全高门扇，使人身处其中丝毫察觉不到位于地下 2 层的压抑。

3）外立面造型精巧，综合应用遮阳、开敞空间、架空区域及客房室外廊道技术

为创造出统一纯净，又丰富协调的立面效果，酒店立面设计中不同折线段的体块被分段处理，将过长的平面化整为零。酒店主体设置了半室外空间，充分考虑热带海岛的气候因素，通过出挑深远的轻钢雨篷，通高的可旋转铝合金百叶窗，玻璃墙外侧的百叶、石材、格栅、塑木板等简练的建筑语言，勾画出立面造型。项目整体设计将采光、自然通风、遮阳综合设计，将被动式设计手法运用到极致（图 4-36）。铝格栅幕墙遮阳与自然通风效果良好。

图 4-36　晋合三亚海棠湾酒店被动式用能设计（二）

每层客房区外廊走道的阳台都种满了藤蔓式鲜花绿植、热带绿植，点缀楼层的同时又装饰了立面。每个公共区阳台绿植环绕且排布修剪美观。

大堂应用挑空钢结构，与当地的海滨气候相结合，营造舒适通风的海滨氛围。同时，大堂挑高区域布置了格栅等遮阳措施。

4）开敞空间和大面积玻璃幕墙优化天然采光

晋合三亚海棠湾度假酒店充分采用自然采光，减少了建筑内部区域的人工照明，并采用大面积透明围护结构提高自然采光效果（图4-37）。

针对地下功能区域的自然采光需求，采用下沉式花园和自然采光井的措施满足相关需求。地下1层主要功能区自然采光满足比例达到20.0%，充分改善了地下部分功能空间自然采光效果。

图 4-37　晋合三亚海棠湾酒店自然采光设计

5）首层架空及开敞式外廊优化自然通风效果

三亚市全年风速较大，夏季台风较多，自然通风潜力较大。

本项目在自然通风方面的措施有：（1）本项目 1 层大堂、儿童活动区域等空间均为架空层，提供了良好的通风条件，增加场地的通风舒适感；（2）2 层以上的客房层开窗面积达到 50%，且外廊为开敞式，通过自然通风模拟分析，换气次数面积达标比例为98.69%。

4.3.3　医疗建筑——云南省临沧市人民医院青华医院

1. 项目基本情况

云南省临沧市人民医院始建于 1944 年，是临沧市唯一一所集医疗、急救、教学、科研、预防、康复、保健为一体的综合性三级甲等医院和市级红十字医院。医院服务半径为全市 8 县区及周边地区边境一线，服务人口约 300 万。为了满足日益增长的医疗服务需求，医院于 2010 开始规划建设新院区，即临沧市人民医院青华医院。该新院区的选址位于临沧市工业园区临翔区青华片区，规划总用地面积 123781m²，总建筑面积 153501.66m²，容积率 1.01，建筑密度 33.3%，绿地率高达 40.6%。新院区规划建设 6 栋楼，具体包括门急诊大楼、医技楼、内科住院楼、外科住院楼、后勤楼、附属工程楼，其中门急诊大楼和医技楼均为地上 6 层、地下 1 层，内科住院楼和外科住院楼均为地上 17 层、地下 1 层，后勤楼为地上 5 层，附属工程楼为地上 2 层（图 4-38）。

图 4-38　临沧市人民医院规划效果图

青华医院于 2012 年开工建设，2015 年底前竣工投运，该项目是我国首个国家级医院类绿色建筑示范工程项目、我国首个规模化医院建筑群整体绿色建筑二星级认证项目，对于推动我国绿色智慧医院的发展具有里程碑式意义。

2. 项目亮点介绍

1）建筑群整体布局绿色设计

医院主体功能区由 5 栋建筑组合而成，结合三段式就诊模式，由东向西依次排列。门诊楼和 120 急救中心临近场地东部入口广场，建筑外立面平行于滨河路，建筑宽度达到 200m，整体形象大气。紧邻门诊楼的西侧为医疗街和医技楼，医技楼西侧为外科住院楼和内科住院楼，两栋住院楼呈南北向布置，可以保证足够的采光、通风和日照。住院楼西侧为后勤综合楼，位于项目场地北部，靠近后勤生活区，可方便后勤人员日常工作生活。各建筑之间通过医疗街及连廊连接，在进深较大的门诊大楼、医技楼设置了多个中庭，既有利于自然采光，又可以强化室内自然通风。

2）医院流线绿色设计

根据医院的功能布局设计流线分布，医院内部实行医患分流、人物分流、洁污分流、人车分流，且各种流线清晰、互不干扰、顺畅便捷。在医疗通道设置单独的医生走廊，将医生的生活休息区与患者治疗区分隔设置，保证医生的休息及患者的静养，同时又让两者之间合理联系，实现医患分流。坚持重点科室"人走门、物走窗""人走客梯、物走货梯"等设计原则，并设置物流传输系统，提高医院内人和物的分流效率。基于严格的医院卫生标准，设置单独的污物出口、洁净用房及过渡空间，达到洁污分流的目的。医院外部流线实行人车分流，人流走人行广场，车流走车行入口，车辆从就近地下车库入口进入停车场。

3）景观绿化采用乡土植物

在医院的主入口广场设有一条东西走向的景观绿化轴，通过将景观绿化轴与建筑形态相结合，延伸出若干绿化庭院和景观节点，形成了医院完整的景观绿化网，为医患人员提供优美的医疗环境。医院景观绿化采用多种适应云南当地气候的乡土植物，且屋顶绿化及园林绿化均采用复层绿化，院区的整体绿化率高达 40% 以上，不仅可以保证院区绿化植被的生物多样性，而且大面积的绿地具有改善院区室外空气质量、提升室外热舒适及视觉舒适、调蓄院区场地雨水的作用。

4）高效节能照明系统

医院的照明系统采用高效节能灯具，室内一般场所照明采用高光效 T5 直管荧光灯和 LED 灯，室外景观照明采用球场高杆灯、特色灯柱、庭院灯、草坪灯、地埋灯。院区的照明系统根据不同的功能需求采用不同的控制方式，大开间场所的照明采用照明箱控制，楼梯间、电梯厅等处的照明采用自熄式节能开关控制。

5）太阳能热水系统

医院地处云南，属于温和气候区，太阳能资源丰富。院区的医技楼、内科楼、外科楼以及后勤楼屋顶设有太阳能热水系统，并配有空气源热泵系统。太阳能热水系统作为预加热置于系统前端，空气源热泵系统用于保障医院的全年热水供应。经计算，医院太阳能热水系统产生的热水量占生活热水总消耗量的比例可达到 36.95%。

6）室内空气质量监控系统

医院在地上室内各区域设有室内二氧化碳浓度监控系统，可与新风系统联动，当室内二氧化碳浓度超标时，新风系统可采用加大新风量模式运行。同时，医院在地下车库设有室内一氧化碳浓度监控系统与地下车库排风系统联动，当车库一氧化碳浓度超标时，排风系统可采用加大排风量模式运行。

7）医院智能化系统

医院设有完善的智能化系统，子系统包括计算机网络系统、无线网络覆盖系统、安全防范系统、建筑设备监控系统、信息发布系统、子母钟系统、智能卡系统、排队叫号系统、护理呼叫系统、可视对讲家属探视系统、手术示教系统、多媒体会议系统、智能建筑运维综合管理系统、建筑能耗监测管控系统、智能照明控制系统、统一视频管理系统等。其中，建筑设备监控系统可以实现对建筑设备的智能监控，可及时发现系统运营过程中出现的故障；建筑能耗监测管控系统可实现分科室分项计算用能用水量，可以为医院的后勤能源管理提供有效依据。

4.3.4　医疗建筑——北医三院崇礼院区二期工程

1. 项目基本情况

北医三院崇礼院区二期工程作为北京 2022 年冬奥会和冬残奥会张家口赛区医疗保障定点医院，秉承着绿色办奥、共享办奥、开放办奥、廉洁办奥的理念，在项目建设时间紧张、建筑功能复杂、场地环境狭小的情况下，通过采用装配式钢结构设计、统筹多专业同步施工、人工智能和大数据等手段，保障了项目的建设周期，同时实现项目的绿色、高质量建设，是保障冬奥会顺利进行，推动京津冀一体化协同发展的重要载体。项目二期工程整体面积 17.9 万 m²，在满足医疗、教学、科研等不同的使用要求前提下，因地制宜地采用绿色低碳技术，并以绿色建筑三星级为目标进行设计和建设。项目鸟瞰图如图 4-39 所示。

图 4-39　北医三院崇礼院区二期工程项目鸟瞰图

2. 项目亮点介绍

1）采用装配式建造体系

项目地上 7 层，地下 2 层，结构高度 31.8m 整体采用装配式钢结构体系（图 4-40），室内装修、病房、卫生间、家具等均采用了装配式设计与安装（图 4-41），装配率达到 90% 以上，集中体现了装配式技术体系的工厂生产率高、集成度高、现场安装工效高、可逆安装、可重复利用、更高品质和更利环保等优势特点。除此之外，装配式建造体系还有如下优点：一是采用 12m×12m 大跨度柱网，钢柱截面 700mm×700mm，钢梁高 700mm，为医院未来学科发展提供有利条件；二是从地下室开始采用钢结构，加快施工速度、大幅缩短工期；三是干式作业，避免传统水泥砂浆的湿作业方式，能够在保证质量的前提下，降低张家口地区的低温环境带来的影响，缩短工期；四是部品集成定制，所有部品定尺加工、工业化生产，解决了施工生产的尺寸误差和模数接口问题，大幅减少现场二次加工和材料浪费，实现绿色环保；五是工艺可逆，所有部品安装实现可装配可拆卸，具有可逆性，便于维护维修与更换，可重复使用，节能节约环保。

图 4-40 北医三院崇礼项目装配式钢结构建造图

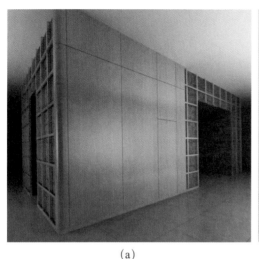

(a)　　　　　　　　　　　　　　(b)

图 4-41　北医三院崇礼项目装配式内装图

2）BIM 技术全过程应用

项目设计采用全专业 BIM 技术实现全过程医疗项目管理，将现有场地、环境、既有建筑及扩建部分数据模型化，并作为建筑和给水排水、暖通、电气综合设计的基础，充分考虑建筑医疗专项系统多、功能流线复杂等特点，提前预判项目难点，并逐一解决。项目竣工交付时同时交付 1 个实体医院建筑加 1 个虚拟的数字化医院，并在后期运营和改造过程中继续更新，实现竣工信息完整并在动态中保持与现实一致，为未来基于 BIM 的智慧医院管理打下扎实的基础。

3）智能化系统优化管理

针对医院建筑外来人流量大，设备维护和更换频繁，部分空间对于温湿度、空气洁净度要求高等特点，设置了建筑智能化及物业管理信息系统，实现对建筑设备、安全系统的监控管理以及对能耗的监测、数据分析和管理；同时设置的 PM10、PM2.5、CO_2 等污染物浓度的空气质量检测系统，与新风和排风系统联动运行，从而实现有效控制室内污染物，更高效地控制系统运行。

4）选用高效用能设备

一是采用高效空调供暖系统，风冷热泵机组的制冷性能系数（COP）满足一级能效标准；二是空调供暖采取分区控制与计量，降低部分负荷；三是新风系统采用带有热回收装置的空调处理机组，降低能源消耗；四是使用高效输配系统，集中供暖系统选用的热水循环泵其耗电输热比低于国家标准。

5）人性化设计

一是建筑室内外公共区域满足全龄化设计，建筑空间形成连续的无障碍通道，满足患者及老人的使用需求，同时为行为障碍者、推婴儿车等人群提供方便；二是合理布置建筑空间和平面布局，充分利用自然采光通风，有利于营造出良好的休憩与诊疗环境；

三是建筑外饰面采用白色铝板，耐久性好、易清洁维护，有利于给患者营造素雅宁静的康复环境，同时与冬季奥运会的冰雪主题相契合。病房与诊室如图 4-42 所示。

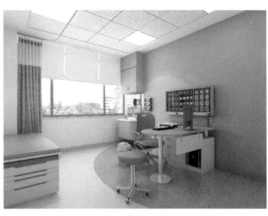

(a)　　　　　　　　　　　　　　　　(b)

图 4-42　北医三院崇礼项目病房与诊室图

综上，北医三院崇礼院区二期工程的绿色医院建设项目既是推动京津冀医疗卫生协同发展、提升崇礼及周边医疗服务水平，保障和改善人民群众医疗服务的重点工程，也是 2022 年冬奥会、冬残奥会的重要医疗保障。北医三院崇礼院区二期工程的建设充分体现了建设行业转型升级过程中对于高质量发展的追求和目标。项目采用的新思路、新方法、新技术，也践行了习近平生态文明思想，落实碳达峰、碳中和目标任务，是绿色办奥、开展绿色医院创建行动，推动绿色建筑高质量发展的典范。

4.3.5　教育建筑——苏州漕湖学校

1. 项目基本情况

苏州漕湖学校是国家级经济技术开发区——苏州相城经济技术开发区投资新建的一所九年一贯制公立学校。苏州漕湖学校按照高起点、高标准的建设要求，适度超前规划设计，依托开发区经济社会快速发展的区位优势，创新机制，"以创育人环境优雅、师资队伍优秀、教育管理精良、教育质量一流，具有鲜明办学特色和较强竞争力的苏南地区一流名校"为办学目标。

学校位于苏相合作区东部片区，苏虞张路东、繁华路南、昌南路以北，总面积 95574.3m²，建筑面积 69641.57m²。地块东西长约 390m，南北进深约 280m，地块基本为长方形，东南处缺角地块为预留幼儿园及停车场建设用地，地块内地势平坦，自然环境优良，交通便利，为规划设计提供了很大的空间与优势。本项目容积率 0.598，建筑密度 21.60%，绿化率达 40.12%。项目实景如图 4-43 所示。

图 4-43 苏州漕湖学校项目实景图

2. 项目建筑节能技术措施

1）围护结构节能设计

本项目建筑各部分围护结构均做了节能设计，屋面采用 80.00mm 复合发泡水泥板；外墙采用 ALC 加气混凝土砌块（250.0mm）；外窗采用铝型材单框断热桥中空 Low-E 玻璃窗（6+12A+6），气密性等级为 6 级。建筑的体型系数、窗墙面积比、围护结构的传热系数均小于规范限值。通过权衡计算，本项目的节能率为 66.78%（中学教学楼），高于《公共建筑节能设计标准》GB 50189—2015 的要求。

2）可再生能源的应用

（1）太阳能热水系统

食堂部分充分利用屋面面积设置平板太阳能集热器（图 4-44），太阳能热水系统类型为强制循环，直接加热集热器与热水箱为分离式，太阳能集热器为承压式，运行中优先太阳能满负荷使用，缺额由燃气锅炉热水机组供应。太阳能热水器全年水量为 4195.59m³，项目全年热水总用水量为 5136m³，太阳能热水器热水量占全年项目总热水量的百分比为 81.69 %。

（2）太阳能光伏发电系统

学校屋顶有 44kWp 分布式光伏电站，光伏组件所占面积约 380～450m² ；系统共采用 400 块高效多晶硅光伏组件，光伏组件功率不低于 275Wp ；光伏系统由太阳能光伏组件、组串式并网逆变器、交流配电箱 / 柜和相关电气材料等设备附件组成（图 4-45）。学校太阳能光伏系统 2019 年 1—10 月共发电 28.62MW·h，期间学校实际用电量为 796043.27kW·h，太阳能光伏发电量占实际项目总用电量的 3.6%。

图 4-44　苏州漕湖学校太阳能热水系统

图 4-45　苏州漕湖学校太阳能光伏发电系统

3）高效节能空调系统

学校主要采用变频多联空调和分体式空调。报告厅采用全热回收新风机组。多联机能效达到一级标准，分体式空调能效达到二级标准要求。

4）非传统水源利用

（1）雨水回用系统

对屋面、路面的雨水进行回收利用，通过室外雨水管网与道路广场以及绿地雨水统一收集至雨水蓄水模块，然后经过雨水处理系统，由机房内水泵提升供给室外绿化浇洒、道路广场冲洗及绿化用水，非传统水源利用率达到 26.37%。

（2）节水灌溉系统

本项目绿化灌溉系统设置节水灌溉系统，采用喷灌（图 4-46）。整个灌溉区域分成

58 个轮灌区，共采用 58 台 NODE 无线控制器；通过电磁阀连接各干管自动控制开启；闸阀设置在绿化带内，按平面图布置并根据现场适当调整；口径 $DN50mm$ 及以下的闸阀通过螺纹连接，并在接口处设置活接；$DN50mm$ 以上闸阀通过法兰连接。

(a)　　　　　　　　　　　　　　　(b)

图 4-46　苏州漕湖学校自动喷灌系统

5）车库一氧化碳监控系统

为了有效控制车库一氧化碳浓度，学校设置了一氧化碳浓度监控系统（图 4-47），一氧化碳浓度感应器与风机联动，当车库内一氧化碳浓度过高时通过排风机可有效降低其浓度，减少汽车尾气对人员的危害。

6）垃圾分类收集

为了减少垃圾的处置量，回收可利用垃圾中的有用物质，同时最大程度减少环境污染。漕湖学校严格执行垃圾分类工作，努力营造一个绿色环保的美好校园。学校所有垃圾收集装置均按要求分类，同时注重宣传教育，各班级在教学过程中将垃圾分类理念传输给学生，美化校园的同时也培养了孩子节约资源减少污染的良好习惯。

(a)　　　　　　　　　　(b)　　　　　　　　　　(c)

图 4-47　苏州漕湖学校一氧化碳监控系统

3. 项目综合效益

1）技术经济性分析

建筑面积 69641.57m²，绿色建筑增量投资 291.9 万元，单位面积增量成本 41.91 元 /m²，绿色建筑可节约的运行费用 55.48 万元 / 年，静态投资回收期为 5.26 年。技术经济性分析见表 4-2。

增量成本情况   表 4-2

序号	实现绿建采取的措施	增量成本
1	雨水收集利用系统	40 万元
2	一氧化碳浓度监测装置	14 万元
3	全热交换设备	11.9 万元
4	节水灌溉	59 万元
5	太阳能光伏发电系统	27 万元
6	太阳能热水	20 万元
7	围护结构节能	120 万元
合计		291.9 万元

2）经济、社会、环境效益

（1）本项目采用绿色生态技术，在设计阶段的绿色技术应用，改善了项目的整体生态环境，在创造良好的声环境、光环境、热环境的基础上，极大程度节约资源，同时可降低运营和维护成本，具有很好的经济效益、环境效益。本项目更注重运营阶段高效管理，降低运营和维护成本。在运营阶段对水电管理情况建立监管监控机制，保障使用杜绝浪费。定期公布水电用量数据，严格考核和奖惩制度，节约有奖，大大降低运行能耗。

（2）苏州漕湖学校作为苏州相城经济开发区先期建造的项目，其建设和使用有利于低碳城区的建设实践，有利于推进产业、建筑、低碳的城区建设，有利于塑造出新产业、新城市、新人才的模样和样式，其社会效益、示范效应意义深远。

4.3.6 文体建筑——首钢工业遗址公园 3 号高炉改造项目

1. 项目基本情况

首钢工业遗址公园 3 号高炉改造项目为冬奥广场南侧延伸建设项目。项目位于新首钢高端产业综合服务区工业主体园区的北部，北起秀池北街，南至秀池南街，西至秀池西路，东至规划凉水池东路。基地内 3 号高炉、热风炉为原有建筑，其中 3 号高炉部分按原施工恢复，涂装按原工业做法涂装。

项目规划总用地面积 27685.68m²，总建筑面积 17873.07m²，其中 3 号高炉总建筑面积 6647.91m^2，地上 2 层，主要使用功能为展览性质用房，其效果图如图 4-48 所示。

图 4-48　首钢工业遗址公园 3 号高炉改造项目效果图

2. 项目亮点介绍

1）工业建筑更新利用

改造项目保留了 3 号高炉主体高炉部分、热风炉、重力除尘器和干法除尘器等核心工业构筑物（图 4-49），最大限度保留了高炉原有结构和外部风貌；对内部空间进行重新梳理，最终形成展示、展览、观景平台、玻璃观景台等不同功能区域。

2）场地环境分析与优化

基于所在区域的平面布置，对项目周边的速度场和压力场进行了分析计算（图 4-50）。在人行区高度 1.5m 处，建筑群内部区域的风速没有超过风环境舒适度推荐的 5m/s，项目周边风环境不会影响室外活动的舒适性。根据夏季及过渡季主导风向的流场分布结果，在人行区高度 1.5m 处，项目人行区没有出现涡流区，整个区域的空气流通性较好。3 号高炉本体建筑在夏季和过渡季的表面风压差均超过 0.5Pa，可利用自然通风。

(a)

(b)

图 4-49　3 号高炉改造前后对照

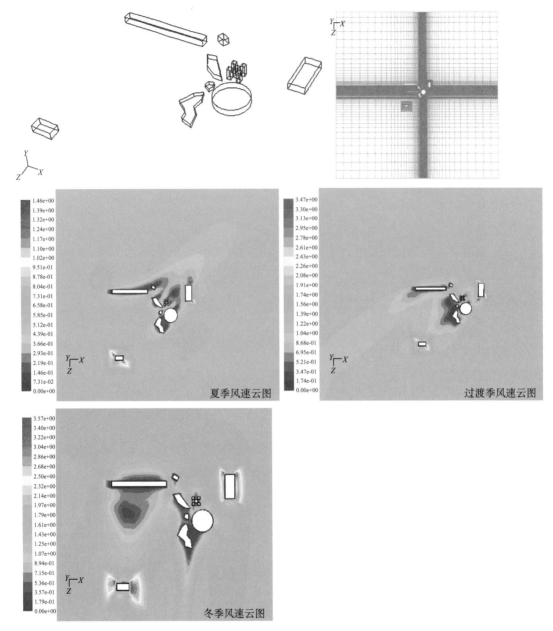

图 4-50　场地环境分析

3）雨水控制与利用

本项目雨水利用以不增加建设区域内雨水径流外排水总量为标准，主要采用下凹绿地、透水砖就地入渗和雨水调蓄排放相结合的方式。外排雨水流量径流系数 0.3，年径流总量控制率不低于 85%；下凹式绿地率为 100%，透水铺装率为 74.3%。

雨水调蓄池有效容积为 600m³，设置于室外地下。收集的雨水一部分经处理后用于室外绿化灌溉及景观用水，室外绿地浇灌全部采用喷灌、微灌等高效节水灌溉方式；另一部分调蓄排空，排空时间小于 12h。

4）自然采光优化

本项目展厅设置在建筑外区，沿建筑外围护结构环状布局，天然采光达标比例 94%。为优化室内自然采光，3 号高炉屋顶采用采光天窗，屋顶层天然采光达标比例 100%（图 4-51）。

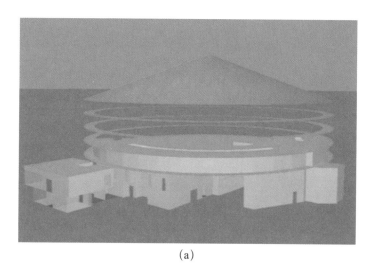

(a)

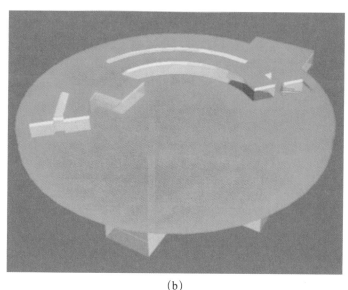

(b)

图 4-51　自然采光优化设计

5）结构体系优化

（1）基础优化

本工程持力层土层较深，且深浅变化较多，层底标高高低不一。设计中合理设置地下地梁位置及规避原结构基础位置减少原结构基础的破坏量及改造加固量，从而大大减小改造综合成本。

（2）结构体系优化

新建 VIP 室，通过与建筑专业协商调整框架柱位置及数量，使建筑形体较为规则，经多次试算对比分析，控制地震作用下结构层间位移角在合理范围之内，避免结构刚度过大，吸收过多的地震力，造成材料浪费。

减薄楼面、地面面层做法，采用尽可能多的轻质隔墙，以减少建筑物自重。合理设置次梁，考虑电气专业埋管的最小厚度，减薄楼板厚度至 120mm。

经过多次试算，优化结构抗侧力体系，控制地震作用下的结构层间位移角在合理的范围内（2 个对比结构单元均在 300 ～ 400mm 范围内）。避免结构刚度过大，吸收过多地震作用，造成材料浪费。

（3）结构构件优化

尽可能采用带次梁的梁板框架体系，有效减薄楼板，节省混凝土用量，以减少结构自重。经过多次试算，选择合适的结构构件截面，控制大多数结构构件的配筋率在最优范围内，节省整体材料用量。

6）空气质量管理

采用初效过滤 + 中效过滤 + 静电除尘的过滤方式降低室内 PM2.5 浓度，并在博物馆的一层展厅设置二氧化碳浓度监控装置，进行数据采集、分析，浓度超标时实时报警，并与通风系统联动。

4.3.7 室内装修——嘉信天空（香港）

1. 项目基本情况

项目位于香港尖沙咀天文台道 8 号 17 楼 1701-02 室，室内楼面面积 210m^2，建筑仅 1 层，用途为办公室。项目于 2016 年竣工，建设单位为成立于 2004 年的嘉信（香港）工程有限公司，是香港第一及唯一销售澳格林墙体系统的环保建筑材料公司。

项目同时荣获香港 BEAM PLUS 绿建环评室内建筑铂金级、美国 LEED-CI 铂金级、中国建筑装饰绿色三星示范工程（中国建筑装饰协会评选）认可，暂时成为首个同时获得此三项评级的室内建筑。

2. 项目亮点介绍

1）室内空间区域设计划分

项目区域设计划分清晰（图 4-52），灯罩采用自动感光的开关标准；设产品展示墙、玩乐间及工作间，楼底高达 3.3m，空气对流及舒适感大增，设计宽敞舒适，并在每两位员工间放置一棵植物（共八棵植物），提供与大自然联结的空间；采用净水器、节能家电、玻璃餐具及 BIG ASS 节能风扇，实时监测各机电系统耗电情况，扩展员工对环保生活的认识，见证从能源、水资源、室内空气质素、碳排量和废物监控管理的环保效益，并推而广之应用在日常生活中。

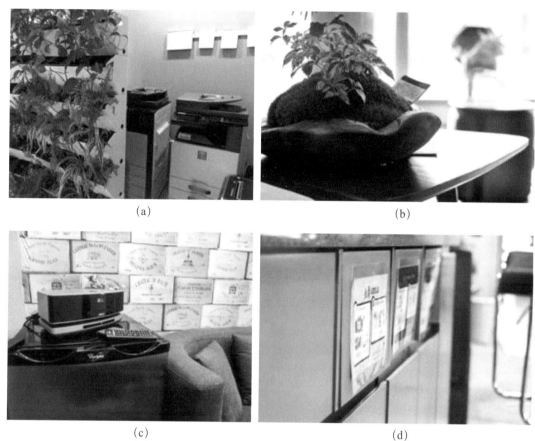

(a)

(b)

(c)

(d)

图 4-52　室内区域设计划分

2）天然采光亮度高

幕墙设计采用双层隔热颜色玻璃，超过180°的维多利亚港至何文田一带景色尽收眼帘，嘉信的日常会议多安排在早上或下午进行，既能自然采光以节省照明系统用电量（图 4-53），避免中午时段日光最强的时段使用，有效节省能源如照明灯和空调；另外，嘉信十分重视员工工作与生活的平衡，鼓励员工使用室内娱乐设施——美式桌球台和单车。由于项目采用双层隔热颜色玻璃，采亮度甚高，超过 85% 的工作间都可采用日光。在灯光设计方面，LED 灯有助节约电能，配合 100lx 的护目的黄光光灯，令员工的双眼在此工作环境下更易适应调节。此外，嘉信亦设有一间多用途房间，玻璃间隔配置智能电动帘，使用时可开启作密闭房间，而房间使用完毕后可关闭电帘，增加采亮度及空间感。

3）环保建材物料

项目 51% 的墙采用再生石膏制造的澳格林墙体系统。澳格林墙体系统是保持室内恒温恒湿环境的空气质素监测器，也是香港少有能满足不同客户对灵活性和多功能性需求的墙体系统。澳格林墙体系统具有高质素产品和服务、施工快速方便、低成本、安全度高、具备良好外观等优点，深受建筑界的青睐。

澳格林墙体中超过 90% 的原材料是可循环再利用的天然石膏及脱硫石膏，这是燃煤发电厂所生产的副产品，绿色环保。工艺流程从原材料选用、生产过程、工地施工及废料回收循环再用，均完全符合可持续发展目标，百分百环保新型建材。

(a)

(b)

(c)

图 4-53　天然采光设计

4.3.8　室内装修——南京华贸国际中心公寓项目

1. 项目基本情况

南京华贸国际中心公寓项目位于南京市鼓楼区中央门街道中央路 331 号地块，整个项目总用地面积 51718.42m²，总建筑面积 440697.91m²，总投资 80 余亿元。整个项目分为 A、B、C、D、E 五个地块，中间由四条内部市政道路分隔。项目由 KPF 设计，业态包含甲级办公、临街商业、高档商场、公寓和幼儿园等。

其中 C 区 5 号、6 号两栋为南京托尼洛·兰博基尼艺术公寓，用地面积 15785.51m²，地上建筑总面积 72941.66m²（其中地上公寓建筑面积 54663.41m²、商业建筑面积 17893.28m²、其他物业用房和设备用房面积 384.97m²），目前正在进行全装修服务认证的试评价。两栋楼地上分别为 22 层、28 层，楼高为 81.4m、99.4m，1 到 3 层设置商业裙房及配套用房，其余为公寓。项目分为 14 种户型，其中 A、B 户型为主打户型，总计 898 套公寓。地下室为 3 层，夹层为设备用房和自行车库；负 1 层为设备用房、公寓会所和商业；负 2 层为储藏室和自走式汽车库；负 3 层为储藏室和人防自走式汽车库。项目概况图如图 4-54 所示。

(a)　　　　　　　　　　　　　　　　　(b)

(c)　　　　　　　　　　　　　　　　　(d)

图 4-54　南京华贸国际中心公寓项目概况图

(a) 项目区位；(b) 华贸项目整体鸟瞰图；(c) 项目装饰实景 1；(d) 项目装饰实景 2

2. 项目亮点介绍

1）绿色建材应用

项目公寓建筑面积约 $46 \sim 123m^2$，项目全系采用绿色建材，轻钢龙骨隔墙、无木轻钢龙骨吊顶、木塑板硬包、全系垃圾处理器安装、全公寓直饮水净水器安装、全公寓无主灯设计，采用 LED 筒灯、灯带以及 LED 轨道灯、电动窗帘，墙面采用无醛粉刷石膏找平、地面石膏基自流平等绿色建材（图 4-55）。交付前宅室内空气质量甲醛、苯、氨、TVOC、氡的污染物浓度需符合《室内空气质量标准》GB/T 18883—2022 的有关规定。现场基本实现节能、空气零污染、高端，即刻拥享艺术化生活美学与无与伦比的人生新体验。

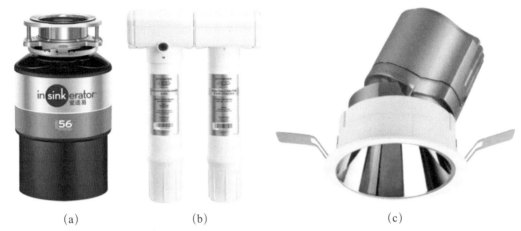

(a)   (b)   (c)

图 4-55　南京华贸国际中心公寓项目绿色建材应用

(a) 垃圾处理器；(b) 直饮水系统；(c) LED 灯具

2）绿色建筑应用

公寓在建筑主体应用方面，采用叠合板、陶粒板、轻质隔墙板塑造主体节能、高装配化应用；幕墙采用大板块中空 Low 玻璃、铝板等材料实现保温节能；户内采用单体天水、地水一体机、分体式空调、独立新风系统等，舒享美学建筑同时，提高公寓使用舒适性。

3）装饰装配化应用

装饰工程进场定位"低碳"类示范工程，采用先进的 BIM 技术指导，现场实施"快速建造"，将装饰工程中"碳排放""碳综合"采用工业化模式，进行示范应用（图 4-56）。搭建"幸福工场"：瓷砖、龙骨、板材实行集中加工，按需统一配送，减少现场切割粉尘污染；模块无木化轻钢龙骨吊顶：板材、龙骨"幸福工场"集中模块，现场实行充电式机具安装，现场实现无尘，安装快速，减少人工消耗。装配式系统板：预制混凝土板块，现场螺栓固定安装，安装快捷；工厂化定制成品玻璃隔断，现场实现组装安装，无尘，轻便。装配式覆膜板：工厂化定制，现场采用挂条工艺安装，轻便，快捷，平整度、垂直度可控；工厂化定制成品硬包板，现场采用挂条工艺安装，轻便，快捷，平整度、垂直度可控。全过程使用充电式机具全覆盖，减少电箱、电缆铺设，设置充电柜、移动电源为机具提供电能补充，现场安全，文明施工可控。

4）新技术应用

在新技术方面，采用项目管理信息系统、BIM 现场施工管理信息技术、基于物联网的劳务管理信息技术（劳务信息系统的应用）、实名制考勤管理、轻钢骨架装配式隔断技术、BIM 技术碰撞、工业化标准化综合测量放线技术等 7 个新技术，对项目的目标管理、物资管理、进度管理、劳务管理等 4 个方面进行管理，确保现场施工的有序进行。

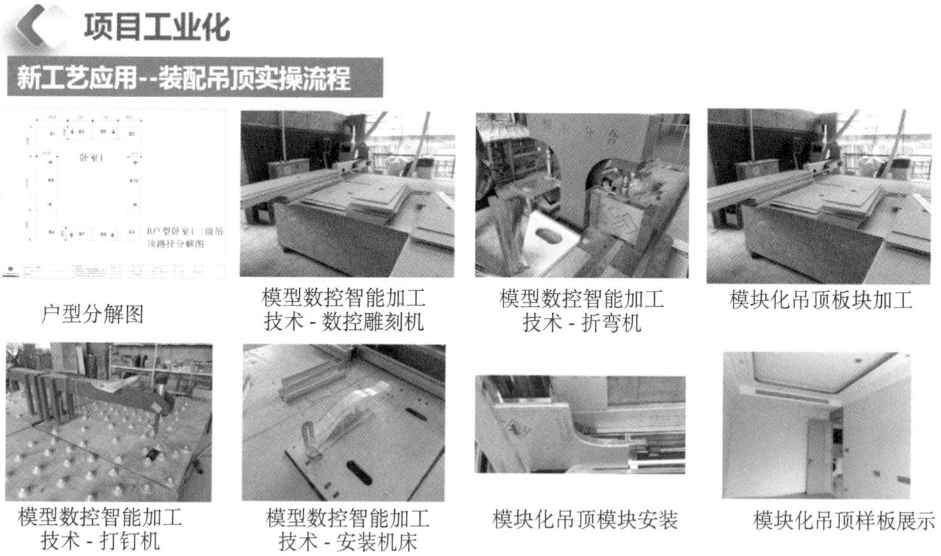

项目工业化

新工艺应用--装配吊顶实操流程

户型分解图

模型数控智能加工
技术 - 数控雕刻机

模型数控智能加工
技术 - 折弯机

模块化吊顶板块加工

模型数控智能加工
技术 - 打钉机

模型数控智能加工
技术 - 安装机床

模块化吊顶模块安装

模块化吊顶样板展示

图 4-56　南京华贸国际中心公寓项目装配化装修情况图

4.4　思考与总结

上述 11 个案例的绿色建筑设计方法大多集中于以下几个方面：

（1）利用可再生资源。例如雨水收集与水资源的循环利用、利用太阳能实现光伏发电及热水器加热。

（2）通过设计实现能耗降低优化。例如利用开窗实现自然通风采光、增加遮阳 / 开敞空间等被动式手段，减少室内空调开启时间等。

（3）智能系统辅助。除通过设计手段实现能耗降低优化外，一些案例中设置了智能系统，能够实时监测空间使用情况，并及时调整空间内的空调、热水器等设施的开启情况，在进一步优化空间使用体验的情况下节能降耗。同时，在一些案例中也为地下车库等通风不利的场所配备了空气质量监测系统，通过监测场所内一氧化碳等污染气体浓度，实时控制排风系统的开启情况。

（4）节约建材。一方面，对于改造建筑尽可能保留可用的既有结构，减少不必要的拆除重建和改造加固量；另一方面，需通过计算优化结构选型，在满足结构要求的前提下节约材料。

（5）选择合理的结构体系。对于改造建筑，应选择对原结构适应性较强的新结构体系，并在施工时尽量减少非必要的对原结构基础的破坏。

（6）考虑场地条件并选择合理的施工方式。一方面，在设计时需要充分考虑场地地形条件，减少施工时的土方开挖；另一方面，选择预制装配式加工方法，既能提升建设效率，也可减少建设污染。

（7）选择性能良好且环保的建材。一些隔热性能良好的外围护结构材料能够使建筑具备冬暖夏凉的优势，减少室内空调开启时间。同时，环保的室内建材对于保障建筑的室内空气质量至关重要。

针对不同类型的建筑，住宅建筑、饭店建筑，室内设计可以更多地利用智能家居系统、被动式节能设计提升室内空间使用的舒适度，并通过更加细节的方式关注空间的能源使用情况。

而对于办公建筑、商业建筑、学校建筑、医院建筑等更倾向于大尺度建筑单体／片区的设计与改造而言，需根据项目区位，更加全面地考虑建筑的采光通风情况，并从更加整体的角度进行建筑布局与流线规划，综合考虑对能源的利用与节约手段。

 # 第5章 绿色建筑发展前景研究

我国"十四五"规划和2035年远景目标建议中提到，要开展绿色生活创建活动，发展绿色建筑，推行垃圾分类和减量化、资源化，加快构建废旧物资循环利用体系。站在"十四五"开局新起点，在"碳达峰""碳中和"的目标影响下，全国各地"十四五规划方案"刮起一股"绿色建筑"热潮，纷纷出台相关政策鼓励"绿色"发展，这为绿色建筑发展提供了良好机遇，使得绿色、节能政策及项目、产品等深入到生产生活的方方面面，全社会对节约能源、提高效率、保护环境等宏观层面的概念正形成普遍认知。

5.1 绿色建筑技术及市场前瞻研究

作为一种在不破坏环境基本生态平衡条件下建造的建筑，绿色建筑的发展需要坚持走科技创新的发展战略，以适宜性、关键技术研发和技术集成创新来支撑。这不仅给相关产业带来了融合发展的机遇，也使建筑产业本身有了更广阔的发展空间。

1. 绿色建筑设计技术趋势分析

新版绿色建筑评价标准立足新时代我国社会主要矛盾转化的现实背景，基于"以人民为中心"的发展理念，全面升级了绿色建筑的理论内涵和标准体系。建设与自然环境和谐共生的绿色建筑，提供安全耐久、健康舒适、生活便利、资源节约、环境宜居的生活工作空间，满足人民对美好生活的需要，将是"十四五"期间绿色建筑发展的主旋律。绿色建筑越来越走向"以人为本"，更多地考虑使用主体的感受，而不再是技术和概念的盲目堆砌，真正实现绿色建筑的健康、适用、高效。绿色建筑设计也从单一的技术导向和节能导向，逐渐转向更加多元化的地域导向、性能导向、气候适应型、环境调控型等。

1）地域导向的建筑风貌设计

2019版评价标准中"提高与创新"一章新增条文"9.2.2 采用适宜地区特色的建筑

风貌设计，因地制宜传承地域建筑文化"。提出以地域为导向进行建筑风貌设计，采用具有地区特色的建筑设计原则和手法，传承传统建筑风貌，将地方建筑作为当地历史文脉及风俗传统的重要载体。

2）BIM技术在绿色建筑中的深入应用

BIM技术支持建筑工程全生命周期的信息管理和应用。在建筑工程建设的各阶段应用BIM可极大提升建筑工程信息化整体水平，工程建设各阶段、各专业之间的协作配合可以在更高层次上充分利用各自资源，有效地避免由于数据不通畅带来的重复性劳动，大大提高整个工程的质量和效率，并显著降低成本。

当前绿色建筑的设计越来越倾向于整体化，从全过程考虑绿色建筑的实现手段，BIM平台能为此提供专业的协同合作与管理平台，基于BIM所具有的数字化、共享化、全生命周期等特点，BIM能与绿色建筑流程紧密结合，促进建筑全生命周期的环境优化、安全保障、能耗和运行成本控制等目标，因此，绿色建筑与BIM的结合应用仍有广阔前景。

3）注重绿色建筑设计理念

绿色建筑作为节约资源、保护环境的载体，理应更加注重绿色建筑设计理念。伴随着碳达峰、碳中和战略的推进，在规划设计阶段引入绿色建筑设计理念，实行低碳设计对建筑全生命周期的节能降碳水平影响最大。可利用建筑信息模型和性能模拟软件对建筑的碳排放进行计算分析，并在此基础上，进一步采取相关节能减排措施降低碳排放，做到有的放矢。

4）净零能耗建筑

"十四五"时期，在超低能耗建筑发展方面，消除现有的化石能源供暖方式将为主要推动切入点，以被动式保温为基础，结合分布式可再生能源和先进热泵技术，有效降低建筑用能。同时，加快实施"煤改气""煤改电"等清洁供暖工程，鼓励使用节能灯具，探索发展智能建筑，并鼓励利用地热能、风能、太阳能等可再生能源使建筑实现能量自给。随着分布式能源技术和储能技术的进一步成熟，建筑本身也将成为清洁电力的生产单元。

净零能耗建筑是在近零能耗建筑基础上，增加了智能电网、分布式能源等概念，并强调建筑产出的能量要比消耗的能源更多。因此，净零能耗建筑的特殊意义在于创造一种可以自我运作的自循环系统，尽可能减少对环境的破坏和对资源的依赖，具备应对未来极端气候条件挑战的能力。长远看，这将推动可再生能源利用技术的发展。

2. 绿色建筑市场前景分析

随着政策措施和市场导向作用的更加深入，新能源建筑应用行业反应活跃，作为建筑市场主体的众多企业也对此更为积极。随着节能减排政策的引导，可持续发展的客观要求正加速推动绿色建筑的市场化进程。为解决现代社会中生产生活对建筑需求日益增长与环境资源供给却渐趋收紧的矛盾,最大限度地节约资源、保护环境和减少污染,为人们提供健康适用和高效使用空间,与自然和谐共生的绿色建筑,成为未来建筑市场发展的主要方向。

因此,绿色建筑的市场化趋势,必将加快和深化产业结构调整的步伐,结合国家示范工程项目发展绿色建筑;结合各类政府投资工程项目建设发展绿色建筑;结合绿色生态城区建设发展绿色建筑;结合技术创新发展绿色建筑;结合城乡绿色生态规划发展绿色建筑,实现绿色建筑发展模式的创新。

1) 绿色建筑全生命周期产业分析

绿色建筑全生命周期产业是指从开发、设计、施工到运营、拆除的各个环节,包括策划、开发、规划/建筑设计、咨询、施工、建材采购、运营维护、拆除回收等。

随着城市建设的进程与新版绿色建筑评价标准的实施,绿色建筑设计、绿色建筑施工、绿色建筑运营,以及相应的技术咨询服务行业、新型施工行业、智慧节能运营管理(数字化管理)行业、宣传行业逐步建立了更加清晰的共识,同时涉及所有软件设备、新技术研发、建筑工业化生产、专业化能源服务管理及平台、环境服务管理等,也都在进行优化与完善。最重要的是,改变以往绿色建筑过于注重暖通空调技术与机电设备的方式,重塑建筑设计以房屋构型、空间组织、建造进行气候调节、环境调控的共识,被动的空间设计辅以适宜的主动调控系统,实现建筑的使用舒适度和健康度提升,减少能源资源消耗。

新版绿色建筑评价标准提出,建筑设计施工完成后可进行预评价,竣工后进行绿色评价。近年倡导的"前策划—后评估"将有助于完善绿色建筑性能从设计到评估的闭环,当前"前策划—后评估"视角下绿色建筑性能专项研究已被列入行业标准。从绿色建筑全生命周期视角来看,将建筑工程项目绿色节能目标前置化,使用后评估的重心从"构建全面评价指标"转到"有效反馈设计"上,将进一步提高绿色建筑设计质量。

2) 绿色建筑产业发展机遇分析

受疫情影响,多数行业受到重创,建筑行业也不例外,对其影响可以说是"前低后高再平"。大部分企业前期合同签约和产值数量下降,无论是远途接工人到工地、企业机关推迟上班还是加强工地防护等,都会对项目进度和企业产生影响。疫情对中小建筑企业的冲击最大,特别是现金流不好、经营管理能力弱的中小建筑企业将面临来自央企和当地大企业的挤压。

随着国家加大专项债规模、降息降准、对"旧基建"和"新基建"投资力度的加大,以及对老旧小区投资进一步加码等政策的出台,疫情常态化阶段,建筑业也将迎来新机遇。

当前,移动互联网的大潮汹涌而来,跨界与融合已成为大势所趋,在新兴业态不断涌现及市场刺激下,建筑业龙头企业集成度越来越高、建筑业分化越来越快,产业整合和跨界将不断加速，产业链竞争将取代企业竞争，以"建筑+"造就联合发展时代，推动建筑行业由成本驱动型、关系驱动型向创新驱动型转变，稳步迈向高质量发展。

（1）建筑+新模式

无论是"建筑+互联网""建筑+全过程工程咨询""建筑+投资、运营（PPP）"，都是顺应国家战略驱动的创新应用，科技创新是发展大势，绿色建筑需要积极探索"互联网+"形式下的管理、生产新模式，深入研究大数据、人工智能、BIM、物联网等技术的创新应用，创新商业模式，增强核心竞争力，实现跨越式发展。而全过程工程咨询也将企业转型推向一个新的高潮，未来更多的建设单位可能只对接两类主体：一是工程总承包商；二是全过程工程咨询机构。建筑企业也未尝不可参与，组织专业团队力量参与其中，可能会给建筑企业在项目选择、招标投标等方面带来意想不到的价值。

此外，尽管不少民营企业特别是环保类上市公司被PPP拖垮了，依然有很多企业受益于PPP市场大获成功，优秀民企和央企、国企合作开展项目得到了超额收益，好的PPP项目利润远远高于传统施工项目。建筑企业应学会协助政府策划项目、筛选项目，提前与金融机构沟通，整合各类资源，争取拿到优质PPP项目。即使在专项债大幅增加的今天，未来PPP依然是一种主要模式，是建筑企业发力的可选领域。

（2）建筑+新材料、新设备

科技进步是建筑业持续发展的强劲动力，广泛应用建筑新材料和设备是建筑企业未来发展的一项重要举措。对建筑企业来说，通过在具体项目中应用新技术、新材料、新工艺、新设备，能够有效提升企业技术水平、提高工程质量、缩短施工工期、降低工程成本，为企业的未来发展注入生机和活力。一些建筑企业可开放自身市场，同生产材料、设备的科技型企业合资合作，为企业产业版图增加一个重要板块。此外，建筑企业一方面有对物资采购和租赁的自身需求，一方面又可以将其作为一个产业来发展，设备租赁正在作为产业链中不可或缺的重要一环，加大市场占比。

（3）建筑+新基建

近年来，中国数字化市场已经有了一定规模和影响力，"新基建"中所涉及的数字经济绿色化及可持续化的特性符合中国经济转型方向，除了带动经济发展，产业数字化建设也将强化传统产业的转型，提升产业效率。早在2018年底，中央经济工作会议便提出了"新基建"的概念，在新冠肺炎疫情与"新基建"加速发展的影响下，产业互联网需求释放更是被按下了快进键。中央强调要加快"新基建"的进度。随即，数个省份相继公布投资计划，将对互联网科技行业产生重大影响。

（4）建筑+新能源

改革开放四十余年，中国新能源产业取得了瞩目的成绩，促使建筑+新能源模式开始崛起，又一个万亿级市场成为风口。在新能源行业中，光伏产业是科技含量最高、应用最为广泛的能源形式之一，特别是分布式光伏的不断发展和柔性薄膜光伏组件的广泛应用。光伏产业开始同我国支柱产业之一的建筑行业"联姻"，这种结合的前景，也是一个新的亿万级别的大市场。

目前，我国新能源建筑的应用大致分为两类：以薄膜光伏发电技术为基础，制造建筑材料，进而建造新能源建筑；以光伏发电等新能源电力为能源，结合超低能耗建筑管理系统打造的新能源低碳建筑。这两个发展方向，均为新能源产业和建筑产业带来了更大的发展机遇。

此外，有些建筑企业也在向生态环保领域、水利领域、地质灾害防治、养老、海外（国际工程）、供应链金融、土地开发等领域进军，我国建筑业要迈上数字化、绿色化、产业化的高质量发展道路，需要积极融入产业链延伸、跨界整合的洪流中，以打造产业纵深的服务和产品体系，赢得更广阔的发展空间。

5.2　"双碳目标"下行业发展前景研究

当下碳达峰、碳中和是从中央到地方正在加紧研究推进的重大工作事项。习近平总书记指出：实现碳达峰、碳中和是一场广泛而深刻的经济社会系统性变革，要拿出抓铁留痕的劲头，如期实现 2030 年前碳排放达峰，2060 年前碳中和目标。

实现碳达峰碳中和，必须大力发展绿色建筑。站在"十四五"开局起点上，绿色建筑工作也将迎来新的发展时期。

1. 关于"双碳目标"下的绿色建筑发展

"双碳目标"下，距离实现碳达峰任务已不足十年，因此，有必要将碳达峰行动安排到"十四五"建筑节能与绿色建筑发展规划。

实现碳达峰碳中和"双碳"关键是节能降耗。针对城乡建设领域 2030 年碳达峰行动，主要发展方向可总结为以下几点：

第一，推动城市绿色低碳建设。一是优化城市结构和布局，推动组团式发展，加强生态廊道建设，严格控制新建超高层建筑，加强既有建筑拆除管理。二是建设绿色低碳社区，加强完整社区建设，构建 15min 生活圈。三是大力发展绿色建筑，加快推进既有建筑节能改造，建设绿色低碳住宅，提高基础设施运行效率，因地制宜推进建筑可再生能源资源应用，优化城市建设用能结构，推进绿色低碳建造。第二，打造绿色低碳乡村。通过提升县城绿色低碳水平，构建自然紧凑乡村格局，推进绿色低碳农房建设，加强生活垃圾污水治理，推广应用可再生能源等工作，全面促进乡村节能降碳。第三，强化保障措施。重点是要研究建立两个体系：一是建立城乡建设统计监测体系，编制城乡建设领域碳排放统计计量标准；二是构建考核评价指标体系。通过对碳排放量动态监测和对节能降碳工作的客观评价，形成有效激励和约束机制，共同推动实现城乡建设领域碳达峰碳中和目标。

需要强调的是，在能源节约方面，特别是可再生能源使用过程中的维护问题，没有纳入一个正常的社会经济生活的体系中，应该受到足够的重视并尽快解决。只有纳入到正常的体制，可再生能源的利用才能更健康的向前发展。

2. 关于新发展阶段下的绿色建筑发展转变

总体来说，"十四五"以高质量定位的绿色建筑建议从以下四个方面着力：一是绿色建筑要成为新时期建筑方针深入落实的引领者。要深入统筹适用、经济、绿色、美观要求，推广建筑师引领的绿色建筑发展模式，充分发挥建筑设计院绿色设计的专业作用，深入落实新建筑方针，发展新时代高质量绿色建筑。二是做工程质量底线的监守者。绿色建筑应设立工程质量门槛，监守工程质量底线，不断提高质量标准，成为高质量建筑标杆。三是高标准节能减碳的先行者。绿色建筑应更高节能和更低碳排放，先行先试低碳建筑、超低碳建筑、近零碳建筑、零碳建筑，建设零碳城市、零碳社区、零碳市政基础设施等，推进建筑用能电气化和低碳化。四是做以人民为中心的发展思想的深度践行者。进一步完善面向老百姓的评价指标体系，将节能减碳降开支、降噪隔声、提升空气质量等感知度高、获得感强的指标，按星级梯次分列门槛值，深度践行以人民为中心的发展思想。

在"美丽中国"战略指引下，未来将通过发展绿色循环经济、能源低碳转型以及自然资源的合理化利用，保护生态环境，实现可持续发展；培育壮大节能环保产业，生产过程的环保合规要求提高；推进资源全面节约和循环利用，促使企业成本结构变化，绿色产品服务供给增加，不符合环保规格产品面临淘汰；倒逼高污染、高耗能及生产方式不符合环保标准的企业退出市场；能源消费将更加注重多种能源的互补利用，进而提升能效、降低碳排放和用能成本；同时，市场化的能源交易、消费行为将不断增加。

随着中国绿色建筑政策的不断出台、标准体系的不断完善、绿色建筑实施的不断深入，我国绿色建筑未来将继续保持迅猛发展态势，但是在新时代的中国现代化发展进程中，如何更高质量发展绿色建筑仍是一个需要不断思考、完善的课题。